SCHÜLER-LERNKRIMI
Mathematik

DER GEHEIMNISVOLLE RIVALE

Story: Anemone Fesl
Übungen: Rainer Wilzbach

Compact Verlag

Bisher sind in dieser Reihe erschienen:

- Compact Schüler-Lernkrimi Englisch, Französisch, Spanisch, Latein I + II
- Compact Schüler-Lernkrimi Deutsch: Grammatik, Aufsatz
- Compact Schüler-Lernkrimi Mathematik
- Compact Schüler-Lernkrimi Physik

In der Reihe Lernkrimi sind erschienen:

- Compact Lernkrimi Englisch, Französisch, Italienisch, Spanisch: Grundwortschatz, Aufbauwortschatz, Grammatik, Konversation
- Compact Lernkrimi Englisch GB/US: Grammatik, Konversation
- Compact Lernkrimi Business English: Wortschatz, Konversation
- Compact Lernkrimi Deutsch: Grundwortschatz, Grammatik
- Compact Lernkrimi Kurzkrimis: Englisch, Französisch, Spanisch

In der Reihe Lernthriller sind erschienen:

- Compact Lernthriller Englisch: Grundwortschatz, Aufbauwortschatz, Grammatik, Konversation

In der Reihe Lernstory Mystery sind erschienen:

- Compact Lernstory Mystery Englisch: Grundwortschatz, Aufbauwortschatz

In der Reihen Lernkrimi History sind erschienen:

- Compact Lernkrimi English History: Grundwortschatz, Aufbauwortschatz, Grammatik, Konversation

In der Reihe Hörbuch Lernkrimi sind erschienen:

- Compact Hörbuch Lernkrimi Englisch: Geübte Anfänger, Fortgeschrittene

Weitere Titel sind in Vorbereitung.

Chefredaktion: Dr. Angela Sendlinger
Redaktion: Iris Glahn
Fachredaktion: Rainer Wonisch
Produktion: Wolfram Friedrich
Illustrationen: Sonja Heller
Titelillustration: Karl Knospe
Typografischer Entwurf: Maria Seidel
Umschlaggestaltung: Carsten Abelbeck

ISBN 978-3-8174-7720-3
7277201

Besuchen Sie uns im Internet: www.compactverlag.de, www.lernkrimi.de

Vorwort

Mit dem neuen spannenden Compact Schüler-Lernkrimi kannst du deine Mathematikkenntnisse auf schnelle und einfache Weise vertiefen, auffrischen und überprüfen.

Die pfiffigen Freunde Lulu, Nina und Jim erleichtern das Mathetraining mit Action und Humor. Die drei und ihre spannende Spurensuche am Leibnizgymnasium stehen im Mittelpunkt einer zusammenhängenden Story.
Der Krimi wird auf jeder Seite durch abwechslungsreiche und kurzweilige Übungen ergänzt, die das Lernen unterhaltsam und spannend machen.
Prüfe deine Mathematikkenntnisse in verschiedenen Text- und Rechenaufgaben!
Dieses Mathetraining im handlichen Format bietet mit über 70 Aufgaben die ideale Übungsmöglichkeit für zwischendurch.
Schreibe deine Lösungen einfach ins Buch!
Die richtigen Antworten sind in einem eigenen Lösungsteil zusammengefasst.

Und nun kann die Spannung beginnen …

Viel Spaß und Erfolg!

Inhalt

Story

Obwohl Lulu ein äußerst aufgewecktes Mädchen ist, hat sie schon wieder eine Fünf in Mathe geschrieben! Die Mathematik scheint ihr einfach nicht zu liegen – da können auch ihre besten Freunde Nina und Jim nicht helfen. Worin aber alle drei richtig gut sind, ist das Aufdecken von Geheimnissen. Unter dem Namen „Die Wühlmäuse“ lassen sie ihrem detektivischem Spürsinn freien Lauf und kommen allerlei Heimlichkeiten auf die Spur.

Als Lulu wegen ihrer schlechten Leistungen in Mathe zum Nachhilfeunterricht von Herrn Scharte gehen muss, stellen sie und ihre Freunde fest, dass Herr Scharte früher einmal Lehrer an ihrer Schule war und diese unter mysteriösen Umständen verlassen hat. Lulu stürzt sich in die Recherche und erfährt, dass Herr Scharte verdächtigt wurde, einen Diebstahl begangen zu haben. Die Wühlmäuse stolpern über immer mehr verzwickte Rätsel, die gelöst werden wollen. Inwiefern hat Herr Schartes Neffe Cornelis mit der Sache zu tun? Und wer ist der ominöse Herr Wild, von dem immer wieder die Rede ist? Lulu, Nina und Jim wollen das Geheimnis lüften und stürzen sich in neue Abenteuer!

Der geheimnisvolle Rivale

Sonne und Wolken wechselten sich ab. Von Zeit zu Zeit erhob sich ein frischer Wind, der die wenigen, noch jungen Blätter der Bäume zum Rascheln brachte – bald darauf legte er sich wieder für einige Minuten. Lulu fror und schwitzte gleichzeitig.

„Jacke auf, Jacke zu, Pulli aus, Pulli an. Immer dieses Durcheinander im April!“, schimpfte sie und schlug wütend nach dem zarten Spross eines Baumes, der es gewagt hatte, ihre Stirn zu streifen.

Nina und Jim, die wortlos neben ihr hergingen, warfen sich hinter Lulus Rücken bedeutungsvolle Blicke zu. Nina streckte vorsichtig alle Finger ihrer Hand aus und formte mit ihrem Mund stumm das Wort „fünf“.

Jim verdrehte mitleidig die Augen.

„Und jetzt ist auch noch der Reißverschluss kaputt! So ein Fliegendreck!“ Lulu riss an ihrer Jacke. „Ich hasse Reißverschlüsse! Ich hasse …“ Lulu schluchzte plötzlich auf.

„Mathe“, vervollständigte Jim den Satz.

„Sag nicht immer ‚Mathe‘!“ Lulu sah Jim finster an. „Das heißt Mathematik! ‚Mathe‘ klingt viel zu harmlos für so ein mieses, fieses, absolut widerwärtiges Fach!“

Nina und Jim erwiderten darauf lieber nichts und sahen nur geduldig zu, wie ihre Freundin mit zusammengebissenen Zähnen an dem verhakten Reißverschluss zerrte. Schließlich schlüpfte Lulu unter lautem Geschimpfe aus den Ärmeln und schälte sich aus der halb geschlossenen Jacke.

„Ich verstehe das einfach nicht!“, sagte sie und warf das Kleidungsstück mit einem sportlichen Schwung über die Schulter.

„Wie der Reißverschluss kaputtgehen konnte oder wieso du Mathe verhauen hast?“, fragte Jim und verbesserte sich sofort: „Entschuldigung: Mathematik.“

„Beides!“, antwortete Lulu. „Stimmt es nicht, Nina? Wir haben doch gemeinsam geübt!“

Nina nickte wie wild.

„Aber als ich dann vor den Aufgaben saß, ehrlich, ich dachte, das soll ein Aprilscherz sein! Ich habe nichts, aber auch wirklich gar nichts verstanden! Und jetzt habe ich die zweite Fünf in diesem Halbjahr!“ Lulu fuhr sich kurz mit dem Handrücken über die Augen. „Leute, ich fühle mich, als hätte ich gerade ein Wollknäuel verschluckt. Ich habe einen ganz trockenen Mund und einen dicken Kloß im Hals. Außerdem ist mir schwindelig vor Unglück.“

Nina und Jim legten jeder eine Hand auf Lulus Arm und geleiteten sie unter vielen tröstenden Worten nach Hause.

! ÜBUNG 1

Übung 1: Lulu hat leider die zweite „5“ in diesem Halbjahr bekommen. Aber sicherlich kannst du ihr im Verlauf des Buches bei einigen „schwierigen“ Aufgaben helfen. Sollen wir einmal anfangen? Wärmen wir uns zuerst etwas auf: Wie lauten die jeweiligen Termnamen? Addiere die vier Ergebnisse!

1. $47 + 94 =$ ____________________
2. $24 - 37 =$ ____________________
3. $12 \cdot 13 =$ ____________________
4. $304 : 16 =$ ____________________

____

„Ich glaube, ein Mathematik-Dämon hat von mir Besitz ergriffen und trübt meinen Blick für Zahlen und Formeln!“, sagte Lulu beim Abendessen zu ihren Eltern.

Lulu hatte schon mit vier Jahren lesen gelernt. Sie war seitdem von einem hartnäckigen Lesevirus befallen, der schon bald nach seinem Ausbruch eine etwas eigenwillige Wortwahl bei seiner Wirtin hervorgerufen hatte. Aber ihre Eltern verstanden ihre Tochter natürlich trotzdem sofort.

„Also schon wieder eine Fünf?“, fragte Lulus Vater und Lulu schob ihre Unterlippe nach vorn. „Ah, da habe ich erst letztens ein passendes Zitat gelesen. Willst du es hören?“, fragte er munter.

Herr Flöckchen war ein wandelndes Zitatenbuch. Lulu war sich nicht sicher, ob sie jetzt Lust auf einen sinnreichen Spruch hatte, aber sie zuckte ergeben mit den Schultern.

„Pass auf: Die Mehrheit bringt der Mathematik Gefühle entgegen, wie sie nach Aristoteles durch die Tragödie geweckt werden sollen, nämlich Mitleid und Furcht. Mitleid mit denen, die sich mit der Mathematik plagen müssen, und Furcht, dass man selbst einmal in diese gefährliche Lage geraten könne.“

Lulu überlegte.

„Wieso ist das passend? Meine Lage ist schon lange nicht nur gefährlich, sondern katastrophal. Ich muss mich nämlich seit meinem ersten Schuljahr mit Mathematik plagen.“

Herr Flöckchen lachte laut und schlug sich auf die Schenkel.

„Der Spruch passt ja auch zu mir und nicht zu dir.“

„Sehr witzig“, bemerkte Lulu.

„Wir werden deine Furcht einfach in Ehrfurcht umwandeln lassen.“ Frau Flöckchen lächelte. „Und zwar von einem Fachmann, nicht wahr, Michael?“

„Nachhilfe?“, fragte Lulu und ließ das angebissene Brot wieder auf ihren Teller fallen. „Das kann doch auch Nina machen! Die hat schon wieder eine Eins mit Stern geschrieben. Oder Jim, der hat eine Zwei plus. Nachhilfe! Das könnt ihr mir nicht ernsthaft antun!“ Sie schlug mit der flachen Hand auf den Tisch.

„Es ist doch so, Lulu“, sagte ihr Vater, wieder ernst. „Nina übt mit dir, Jim übt mit dir – und das seit Jahren! Aber so richtig scheint das nicht mehr zu funktionieren.“ Lulu wollte etwas erwidern, doch Herr Flöckchen hob beschwichtigend die Hände. „Stimmt doch: zwei Fünfen in einem Halbjahr! Und du weigerst dich, mit Mama und mir zu lernen. Und warum? Weil du behauptest, wir würden dann immer so schnell zornig, laut und ungeduldig werden.“ Herr Flöckchen zog gespielt böse die buschigen, dunklen Augenbrauen zusammen. „Was natürlich in keiner Weise den Tatsachen entspricht! Du willst dir einfach nichts von uns erklären lassen!“

Lulu lachte. Die Wahrheit war, dass tatsächlich nicht nur ihre Eltern schnell die Geduld verloren, sondern sie selbst leider auch. Es war eine offen anerkannte Familienkrankheit, die immer wieder zu kleineren und größeren lautstarken Auseinandersetzungen führte. Zusammen mit ihren Eltern für die Schule zu lernen, endete erfahrungsgemäß meist in einem größeren Krach.

„Also, keine Widerrede! Wir werden uns mal umhören.“ Lulus Mutter schob sich ein Stück Gurke in den Mund und Lulu seufzte leise.

ÜBUNG 2 !

Übung 2: Super! Du hast dich schon eingerechnet! Hier noch eine kleine Aufgabe! Wie heißen dabei die wichtigsten Rechenregeln? Schreibe sie zuerst auf und rechne dann!

$[(12 + 17) \cdot 4 + 16] - (12 - 8) =$

„Wo warst du gestern? Es war doch Fußballtraining!“, meinte Nina zwei Wochen später zu Lulu, als sie sich wie immer an der Bushaltestellte trafen, um gemeinsam zur Schule zu gehen.
„Das Training!“ Lulu fasste sich an die Stirn. „Ach du meine Güte!“
„Ja! Und endlich spielen wir wieder draußen! Heiko meinte, dass ich bei den nächsten Wettkämpfen Stammspielerin werden soll. Ist das nicht toll?“ Nina rammte Lulu vor Begeisterung ihren Ellbogen in die Seite.

„Hmmm“, antwortete Lulu matt und taumelte ein wenig zur Seite, geradewegs in Jim hinein, der in diesem Moment aus einer Seitenstraße zu den beiden Mädchen stieß.
„He, Lulu, was ist denn los? Bist du besoffen?“, fragte Jim.
„Ach, lasst mich doch in Ruhe!“, brummelte Lulu und kickte einen Stein über die Straße.

„Was hat sie denn?“ Jim blickte fragend zu Nina. „Schon wieder so ein Weiberkram, von dem ich nichts wissen darf?“ Jim machte sofort ein beleidigtes Gesicht.

Er war in letzter Zeit sehr empfindlich und kam sich schnell von den beiden ausgeschlossen vor. Sicher, Nina und Lulu waren zwar eindeutig weiblichen Geschlechts, aber trotzdem waren sie doch seine besten und langjährigsten Freunde! Immerhin kannten sie sich schon seit dem Kindergarten. Jim war seit dieser Zeit – grob geschätzt – neunmal mit Nina und elfmal mit Lulu verheiratet gewesen. Aber das schien nicht mehr viel zu bedeuten. Immer öfter erwischte er die beiden Mädchen dabei, wie sie miteinander flüsterten und gackerten, ohne dass er von ihnen eingeweiht wurde. Gut, dass auch Lars und Jakob in ihre Klasse gingen. Mit denen konnte man sich wenigstens noch normal unterhalten!

„Also, was ist nun?“, fragte Jim.

„Psst!“, machte Lulu. „Ich denke nach!“

„Worüber denn?“, hakte Jim nach.

„Passt auf!“, sagte Lulu und blieb stehen. „Ich habe einen kleinen Fehler in meiner Terminplanung gemacht. Dienstags ist doch Training, nicht wahr? Aber jetzt habe ich dienstags leider immer Nachhilfe.“

„Und? Wo ist das Problem? Du kannst doch die Nachhilfe verschieben!“, meinte Jim, der immer nach der einfachsten Lösung suchte.

„Schön wäre es!“ Lulu schüttelte den Kopf. „Ich bin da in einer Gruppe mit fünf anderen Jungs und Mädels. Alle ähnlich genial in Mathematik wie ich. Nein, das kann ich nicht verschieben. Und von der Nachhilfe werden mich meine Eltern auch nicht befreien, nur weil Training ist. Nee, da muss ich mir was Besseres einfallen lassen – irgendeinen Grund, warum ich leider nicht mehr zur Nachhilfe gehen kann.“

Lulu verstummte wieder, und Nina und Jim redeten, bis sie bei der Schule angekommen waren, über Hausaufgaben, Lehrer und Klassenkameraden. Erst in der zweiten Pause kam das Gespräch wieder aufs Thema.

Übung 3: Kennst du die Zweierpotenzen? Sie kamen in der letzten Schulaufgabe von Lulu vor. Berechne die folgenden Aufgaben! Berechne die Summe der Einzelergebnisse!

1. $2^3 =$ $2 \cdot 2 \cdot 2 = 8$
2. $2^5 =$ $2 \cdot 2 \cdot 2 \cdot 2 \cdot 2 = 32$
3. $2^6 =$ $2 \cdot 2 \cdot 2 \cdot 2\,2\,2 = 64$
4. $2^{10} =$ ______

______

ÜBUNG 3 !

„Jetzt erzähl mal!“, sagte Nina und biss in ihr Brot. „Wie ist denn nun dieser Nachhilfeunterricht? Macht er Spaß?“
„Ob Nachhilfe Spaß macht? Das kann auch nur eine Streberin wie du fragen!“, meinte Lulu boshaft, nahm Nina das Brot aus der Hand und knabberte an der Rinde.
„Ich bin keine Streberin, o. k.? Soll ich jetzt extra Fünfen schreiben, nur um ‚cool‘ zu sein?“ Nina riss das Brot wieder an sich.
„Das riecht nach Zickenterror.“ Jim, der gerade eine kleine Pause vom Kicken auf dem Schulhof machte, gesellte sich zu ihnen.
„Quatsch!“, riefen Nina und Lulu gleichzeitig, sofort wieder ein Herz und eine Seele.
„Wir reden gerade über meine Nachhilfe“, fügte Lulu hinzu.
„Ja und?“, fragte Jim.
„Eigentlich ist der Typ ganz nett“, erzählte Lulu. „Schon etwas älter, ein Mathelehrer eben, aber sehr, sehr geduldig und sehr, sehr

ruhig. Und er sagt dauernd: ‚Alles kein Problem, das bekommen wir schon wieder hin!' Das finde ich richtig aufbauend, denn irgendwie glaube ich ihm."

„Das hört sich doch gut an!", rief Nina begeistert. Sie hatte es sich zur heimlichen Aufgabe gemacht, Herrn und Frau Flöckchen bei der Erziehung ihrer Tochter Lulu ein wenig zu unterstützen. Eine ehrenvolle und überaus notwendige Maßnahme, wie Nina festgestellt hatte.

„Ja …", Lulu rieb sich nachdenklich die Nase. „Wenn nur nicht dienstags das Training wäre! Also, wenn ich nicht genau zu der Zeit Fußball hätte, könnte ich mich an Herrn Scharte eventuell und ganz vielleicht gewöhnen."

„Herr Scharte?", fragte Jim überrascht. „Dein Nachhilfelehrer heißt Scharte?"

„Ja, wieso?" Lulu griff beherzt nach dem Rest von Ninas Pausenbrot.

„Wartet mal!" Jim rannte über den Schulhof zu seinem Bruder, der lässig auf der Tischtennisplatte hockte und mit seinen Freunden redete. Hannes war schon in der elften Klasse und schätzte es nicht besonders, in der Schule von Jim belästigt zu werden, wie er es nannte. Jim nahm Hannes das nicht übel und hielt sich im Schulalltag gewöhnlich von ihm fern. Doch es gab natürlich immer wieder Ausnahmen von dieser Regel.

ÜBUNG 4 !

Übung 4: Es gibt eine sehr interessante Art, unsere Zahlen anders darzustellen: das Dualsystem. Man verwendet die Zweierpotenzen. $2^0 = 1$; $2^1 = 2$; $2^2 = 4$; $2^3 = 8$ usw. Man kann jede Zahl durch eine Zweierpotenz darstellen wie in folgendem Beispiel.

$1 \cdot 2^3 + 0 \cdot 2^2 + 1 \cdot 2^1 + 1 \cdot 2^0 =$

$1 \cdot 8 + 0 \cdot 4 + 1 \cdot 2 + 1 \cdot 1 = 11$

Wie lautet die Zahl 1101 in unserem Dezimalsystem?

Lulu und Nina wunderten sich keine Sekunde über das unfreundliche Gesicht, das Hannes beim Anblick von Jim zog. Doch dann redeten die beiden eine Weile ganz freundlich miteinander und Hannes sah sogar zu Lulu und Nina hinüber und winkte ihnen kurz zu.

„Erstaunlich!“, meinte Nina.

„Merkwürdig!“, stellte auch Lulu fest.

Beide warteten gespannt auf Jim, der langsam wieder über den Schulhof zu ihnen geschlendert kam.

„Ich habe mich nur kurz aufklären lassen“, sagte Jim.

„Über was denn, zum Kuckuck?“, fragte Lulu, wie immer ungeduldig.

„Stell dir vor: Herr Scharte war einmal Lehrer bei uns, hier, an unserer Schule!“ Jim machte ein überlegenes Gesicht. „Bis vor zwei Jahren oder so. Da waren wir drei jedenfalls noch recht neu an der Schule. Und unsere Klasse hat er auch nie unterrichtet. Aber ‚Scharte‘ – der Name kam mir irgendwie bekannt vor. Und tatsächlich war er einmal Hannes’ Klassenlehrer!“

„Ehrlich?“, fragte Lulu. „Und jetzt ist er Nachhilfelehrer? Warum unterrichtet er denn nicht mehr bei uns an der Schule?“

„Keine Ahnung!“, antwortete Jim. „Mein Bruder meinte, er wäre von einem auf den anderen Tag verschwunden.“

„Mitten im Schuljahr?“, fragte Lulu erstaunt nach.

„Seltsam, nicht wahr?“, entgegnete Jim. „Ich kann mich sogar noch daran erinnern, dass meine Eltern sich wochenlang darüber aufregten. Es gab jede Menge Freistunden und der Direktor hatte große Probleme, schnell einen Ersatzlehrer zu finden. Aber irgendwie hat keiner von den Eltern oder Schülern herausbekommen, was damals eigentlich wirklich mit diesem Herrn Scharte geschehen ist.“

„Aha!“ Lulu streckte den Finger in die Höhe. „Da haben wir doch was!“

„Häh?“, machte Nina.

„Stell dich doch nicht dümmer, als du bist!“ Lulus Nase kräuselte sich – was ein sicheres Zeichen war, dass sie sich einen Plan überlegte. Nina wusste allerdings aus Erfahrung, dass Lulus Pläne meistens etwas versponnen waren und mit ziemlicher Sicherheit Ärger bringen würden.

„Bitte nicht!“, sagte sie deshalb und schlug flehend die Hände zusammen.

„Reg dich ab!“ Lulu schnaubte unwillig. „Ich glaube, ich werde einfach einmal unauffällig nachhaken. Mal sehen, was dabei zutage kommt. Vielleicht finde ich etwas heraus, was ich gegen meinen Nachhilfelehrer verwenden kann.“

! ÜBUNG 5

Übung 5: Wie lautet die Zahl 125 in der Dualschreibweise? Verwende dazu die ersten 8 Potenzen (von 2^0 bis 2^7)!

„Wozu das denn?“, fragte Nina entsetzt. Ihr tat Herr Scharte jetzt schon leid.
„Na ja“, Lulu lächelte, „vielleicht hat der liebe Herr Scharte etwas ausgefressen! Und ich kann doch unmöglich bei einem zwielichtigen Charakter Nachhilfeunterricht nehmen, oder? Dann müssen meine Eltern mir einen anderen Nachhilfelehrer suchen, der seine Kurse nicht dienstags abhält. Und ich kann wieder zum Training. Ist das nicht genial?“
„Ich weiß nicht, Lulu“, wagte Nina anzumerken. „Selbst wenn du etwas herausfinden solltest: Welches Vergehen von Herrn Scharte könnte deine Eltern so schockieren, dass sie dich aus dem Kurs nehmen? Das müsste schon etwas ganz Schlimmes sein, wie …“ Nina überlegte.
„Eine Liebesgeschichte mit einer Schülerin?“, unterbrach Lulu sie und zwinkerte verschwörerisch. „Das wäre aber wirklich etwas, das mein Vater nicht gern hören würde!“
Jim und Lulu lachten.
„Vielleicht war Herr Scharte auch nur sehr krank und musste deshalb die Schule verlassen“, bremste Nina Lulus Begeisterung.
„Das wäre dann aber kein Geheimnis gewesen!“, warf Lulu ein.
Nina ließ sich nicht beirren.
„Oder der arme Mann hatte Probleme mit Eltern, Schülern, anderen Lehrern, möglicherweise sogar mit sich selbst. Du kannst doch nicht einfach in der Vergangenheit wildfremder Menschen herumstochern. Das ist doch nicht in Ordnung, oder? Jim?“
Jim zog die Schultern hoch und schob seine Mundwinkel nach unten. Er hatte eigentlich keine moralischen Bedenken. Der Plan hörte sich seines Erachtens sogar recht interessant und vielversprechend an. Andererseits hatte Lulu ihn schon oft genug zu allerhand Blödsinn angestiftet, der außer Ärger nichts gebracht hatte. Er erinnerte sich da an Geschichten …

Übung 6: Mithilfe des Dualsystems kann man sehr viele Zahlen verschlüsseln – und natürlich auch Buchstaben. Dazu musst du nur eine Zahl einem Buchstaben zuordnen. z. B. die Zahl 1 dem Buchstaben A, die Zahl 2 dem Buchstaben B usw. Auf diese Art kann Lulu mit Nina und Jim Geheimnisse austauschen. Wie lautet folgendes Wort?

1000 ________________
0001 ________________
1100 ________________
1100 ________________
1111 ________________

„Egal, ob es etwas bringt oder nicht: Ich habe mir just in diesem Moment das Ziel gesetzt, das Deckmäntelchen des Schweigens zu lüften!“ Lulu verschränkte energisch die Arme.

„Ich finde das wirklich nicht in Ordnung, Lulu!“, bemerkte Nina dazu.

Lulu machte ein trotziges Gesicht. Als es läutete, wanderte sie gemeinsam mit ihren Freunden in ihr Klassenzimmer, wo schon ihr Mathematiklehrer, Herr Oltenburg, auf sie wartete.

„Alle Pädagogen sind sich darin einig: Man muss vor allem tüchtig Mathematik üben, weil ihre Kenntnis fürs Leben größten direkten Nutzen gewährt!“, rief er fröhlich seinen Schülern zu, die sich schlurfend und murrend zu ihren Plätzen quälten.

„Dies sei nur nebenbei für die Lernunwilligen unter euch erwähnt.“ Herr Oltenburg sah hinüber zu Lulu. Doch diese sparte sich eine Erwiderung und blickte sanftmütig an die Tafel. Selbst sein gebieterisches „Hausaufgaben vor! Mathebuch aufgeschlagen! Gehirn eingeschaltet!“ rief bei Lulu nur ein kleines sanftes Lächeln hervor.

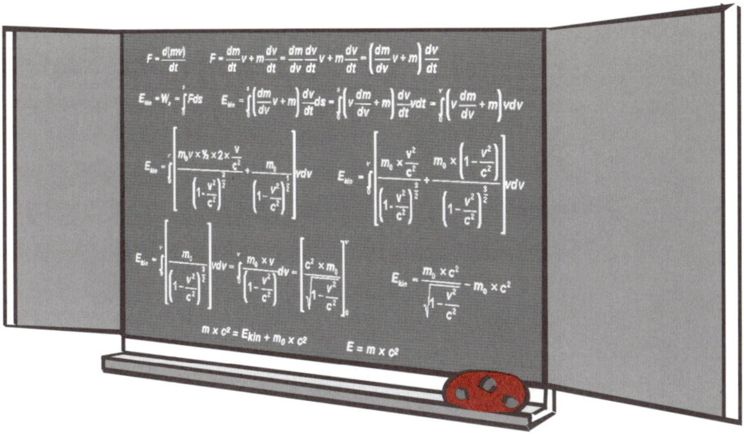

Übung 7: Noch ein kleiner Trick: Bei einem Würfel sind die Augenzahlen so angeordnet, dass die gegenüberliegenden Zahlen immer sieben ergeben. Ein Würfel liegt nun so, dass du die Zahlen 3, 5 und 1 siehst. Welche Gesamtaugenzahl ist verborgen? Würde wohl Lulu auch darauf kommen? Hilf ihr! Kannst du das Deckmäntelchen lüften?

Lulu blieb die nächsten Tage in der Versenkung verschwunden, und Jim und Nina konnten nur darüber rätseln, was ihre Freundin in ihrer Freizeit trieb, oder – wie Nina es ausdrückte – „anstellte“.

Am Freitag kam Lulu mit weiß gesprenkelten Haaren in die Schule. Am Wochenende begegnete ihr Jim zufällig auf der Straße und bemerkte – nicht ohne ein gewisses Grausen – tiefschwarzen Dreck unter Lulus Fingernägeln. Doch weder Nina noch Jim konnten etwas aus Lulu herausbekommen.

„Ich will eure zarten Gemüter nicht mit meinen Geschichten belasten!“, war ihr einziger Kommentar, und sofort redete sie von etwas anderem.

Schließlich aber bat Lulu ihre Freunde zu sich nach Hause und brach selbst ihr Schweigen.

„Ich konnte einige interessante Sachen in Erfahrung bringen!“, sagte Lulu, als sie sich auf ihr Bett setzte, ein Kissen vor ihren Bauch stopfte und die Beine kreuzte.

„Aha? Ja?“ Jim griff nach einem der Kuchenstücke, die sie sich auf einem großen Teller mit nach oben in Lulus Zimmer genommen hatten. Er vergötterte den Käsekuchen von Frau Flöckchen!

„Also: Ich habe das Geheimnis um Herrn Schartes Abgang von unserer Schule gelüftet.“ Lulu grinste und sah erwartungsvoll in die Gesichter ihrer Freunde.

„Und was ist dabei ans Licht gekommen?“, fragte Nina. Sie klang ein wenig besorgt.

„Haltet euch fest! Herr Scharte soll einen anderen Lehrer bestohlen haben! Aber er wurde dabei erwischt. Deshalb musste er unverzüglich die Schule verlassen.“

„Was? Ein Lehrer? Gestohlen?“, fragte Jim und spuckte vor Überraschung ein paar Kuchenkrümel in Lulus Richtung.

„Das war wohl folgendermaßen“, sagte Lulu gedehnt, sichtlich zufrieden mit der Reaktion ihrer Zuschauer. „Ein gewisser Herr Wild, ebenfalls ein ehemaliger Lehrer von uns, hatte für eine Schülerfahrt eine größere Summe eingesammelt – insgesamt etwas mehr als 1.500 Euro.“

„Nicht schlecht!", murmelte Jim.
„Du sagst es", bestätigte Lulu. „Jedenfalls hatte er das Geld weggeschlossen und wollte es nach der Schule auf die Bank bringen. Als er es aber wieder aus seinem Fach herausholen wollte, war der Umschlag mit dem Geld verschwunden! Das war kurz vor dem Ende der zweiten Pause. Und da bekanntlich niemand Zugang zum Lehrerzimmer hat, außer die Lehrer selbst, war ziemlich schnell klar, dass einer von ihnen der Dieb gewesen sein musste. Die anwesenden Lehrer einigten sich darauf, das Lehrerzimmer sofort und eigenhändig zu durchsuchen. Jeder wollte natürlich zeigen, dass er unschuldig war. Und schließlich wurde das Geld in der Tasche von Herrn Scharte gefunden!"

Übung 8: Bei ihren Nachforschungen fuhr Lulu mit dem alten Fahrrad ihres Vaters. Der alte Stand des Kilometerzählers war 11.056 km. Am ersten Tag fuhr sie 17 km, am zweiten 34 km, am dritten Tag 16 km. Als sie am vierten Tag das Fahrrad wieder zurückbrachte, zeigte der Kilometerzähler 11.142 km. Wie weit ist sie am vierten Tag gefahren?

„Und Herr Scharte hat freiwillig seine Tasche geöffnet, obwohl er das Geld gestohlen hatte?", fragte Jim verblüfft.
„Was hätte er denn sonst tun sollen?", überlegte Nina laut. „Wenn alle anderen ihre Taschen und Fächer geöffnet haben – da konnte

er sich schlecht weigern, oder? Ich würde sagen: Pech gehabt! Vielleicht dachte er, dass der Verlust des Geldes nicht so schnell bemerkt werden und er noch den ganzen Tag Zeit haben würde, um seine Beute aus dem Lehrerzimmer zu schaffen."

„So könnte es gewesen sein", bestätigte Lulu.

Sie dachten eine Weile über den Vorfall nach. Das einzige Geräusch, das zu hören war, war das leise Schmatzen von Jim, der immer noch genüsslich vor sich hinmalmte.

„Wie hast du das eigentlich alles herausgefunden?", fragte Nina schließlich.

„Ja, ja, das wollt ihr wohl wissen, nicht wahr?", rief Lulu sofort, als hätte sie auf diese Frage nur gewartet. Sie warf triumphierend ihre Haare in den Nacken. „Ihr wisst doch, dass mein Vater im Chor singt. Im gleichen Chor singt auch Frau Hansig, die Sekretärin unserer Schule. Und daher kenne ich auch flüchtig ihre Tochter."

„Ja und?", fragte Nina arglos.

„Mann! Ich habe mich an Laura Hansig rangeschmissen und sie ein bisschen ausgequetscht."

„Und das bedeutet?", wollte nun auch Jim wissen.

„Ich musste schon einiges leisten, bevor sie mir alles erzählt hat!" Lulu lachte. „Den Gartenzaun anstreichen, die Beete neu anlegen. Ich sage euch, geschenkt waren die Informationen nicht! Laura wusste auch nur deshalb von der Geschichte, weil sich ihre Mutter einmal mit ihrem Vater darüber unterhalten hat und sie dabei heimlich mithorchen konnte. Sie meint, sie habe es mir jetzt auch nur erzählt, weil die Sache schon zwei Jahre her sei – und nur Kinder, die Detektiv spielen wollen, würden sich dafür noch interessieren. So ungefähr jedenfalls hat sie sich ausgedrückt."

„Und warum haben die auf unserer Schule ein so großes Geheimnis aus der Sache gemacht?", fragte Jim.

„Laura hat mir erzählt, dass sich alle Lehrer einig waren, dass so ein Diebstahl ein verdammt schlechtes Licht auf die Schule werfen würde. Ein Lehrer, der stiehlt! Wo gibt es denn so was! Also haben sie Herrn Scharte nahegelegt, zu kündigen und von der Schule zu gehen, was er dann schließlich auch gemacht hat. Es lief also alles so diskret wie möglich ab – keine Polizei, kein Aufsehen, schneller Abgang von Herrn Scharte."

„Verstehe", meinte Nina. „Und jetzt? Was machst du mit deinen Informationen? Willst du deinen Eltern heute Abend erzählen, dass dir ein Dieb Mathematik beibringt? Dass das einen wahnsinnig schlechten Einfluss auf dich ausübt und du auf keinen Fall mehr in den Nachhilfekurs gehen kannst?"

Lulu lachte und tippte sich an die Stirn.

„Quatsch! Viel besser! Viel, viel besser!" Sie sprang auf und ging zum Schreibtisch. Dort nahm sie ein Blatt Papier in die Hand und wedelte damit den anderen vor der Nase herum. „Seht ihr das hier? Das ist der Tagesablauf vom 25. Mai vorletzten Jahres, dem Tag des Diebstahls, angelegt von unserer Sekretärin Frau Hansig, entwendet anno dazumal von Laura Hansig, heute ausgehändigt an Lulu Flöckchen."

„Was?!", riefen Nina und Jim gleichzeitig.

Übung 9: Frau Hansig legte den Zeitplan fast auf die Sekunde genau fest. Wie viele Sekunden hat eigentlich ein Jahr?

„Ja, da staunt ihr, was? Während die Lehrer das Lehrerzimmer untersuchten, hat der Direktor Frau Hansig aufgetragen, einen Ablaufplan zu erstellen – wer wann im Lehrerzimmer war und wer es wann verlassen hat. Eine sehr interessante Liste."

„Warum interessant? Wir wissen doch schon, wer der Dieb ist. Herr Scharte! Wen kümmert da so eine alte Liste?" Jim sah flüchtig auf das Blatt.

„Haltet doch mal eure süßen Schnäbel und hört mir zu!", sagte Lulu eifrig. „Der einzige Moment, in dem das Lehrerzimmer an diesem Morgen höchstwahrscheinlich leer war, waren ein paar Minuten in der dritten Stunde. Da hatten entweder alle Lehrer Unterricht oder schon wieder frei. Tatsächlich wurde der Schlüssel von Herrn Scharte um 10:17 Uhr benutzt, um das Lehrerzimmer zu betreten. Das konnte Frau Hansig eindeutig feststellen, da jeder Lehrer einen digitalen Schlüssel besitzt, dessen Gebrauch man nachweisen kann."

„Ein klarer Beweis, dass er in diesem Zeitraum das Geld gestohlen hat", meinte Nina nachdenklich.

„Allerdings hatte Herr Scharte um diese Zeit Unterricht!", stellte Lulu fest. „Seht, das hat Frau Hansig ebenfalls vermerkt."

„Also ist er mitten im Unterricht ins Lehrerzimmer geschlichen, um das Geld zu stehlen?", fragte Nina ungläubig.

„Ja, das ist doch komisch, nicht wahr?" Lulus Augen sprühten nun vor Begeisterung.

„Allerdings, das wäre wirklich sehr dumm von ihm", pflichtete Jim bei. „Wo er doch wissen muss, dass man den Gebrauch seines digitalen Schlüssels nachweisen kann. Und einfach die Klasse verlassen? Also, ich weiß nicht …"

„Genau diese Fragen habe *ich* mir auch gestellt. Und wisst ihr, was ich mir gedacht habe?"

Jim und Nina schüttelten die Köpfe und sahen Lulu gespannt an.

Übung 10: Zur Feier des Tages stoßen die drei mit ihren Saftgläsern an. Es klingt 3 Mal. Wie oft würde es klingen, wenn 10 Personen bei einer Feier anstoßen würden?

„Was wäre denn, wenn jemand anders den Schlüssel genommen hätte? Jemand, der weiß, wie er an den Schlüssel von Herrn Scharte herankommt und wann er im Lehrerzimmer freie Bahn hat? Jemand, der Herr Schartes Tasche nur benutzt hat, um im Zweifelsfall unschuldig dazustehen? Was, wenn Herr Scharte seine Tasche nichts Böses ahnend öffnete, weil er von dem dort gelagerten Geld gar nichts wusste?“

„Dann wäre Herr Scharte nicht der Täter, sondern das Opfer!“, rief Jim aus.

„Ein unschuldig Verdächtigter!“, rief auch Nina, verzog dann aber sofort etwas misstrauisch das Gesicht. „Aber warum hat er sich nicht gegen die Anschuldigungen gewehrt? Ich an seiner Stelle … wenn ich unschuldig gewesen wäre … ich hätte einen riesigen Aufstand gemacht, wenn man mich fälschlicherweise des Diebstahls verdächtigt hätte! Und er ist tatsächlich sang- und klanglos von der Schule gegangen?“

„Es scheint so. Aber wieso er das getan hat – das werden wir schon noch herausbekommen!“, rief Lulu aufgeregt. „Freunde, ich glaube, wir sind da auf eine heiße Geschichte gestoßen! Irgendetwas stinkt da ganz gewaltig! Ich weiß nicht genau, was, aber die Sache scheint mir nicht ganz sauber!“

„Kannst du mal aufhören, wie ein schlechter Privatdetektiv zu reden?“, fragte Nina genervt.

„Nö!“ Lulu lachte. „Und wisst ihr, was wir als Nächstes machen?“ Nina und Jim sahen sich ratlos an.

„Wir gehen zu Herrn Scharte. Der wohnt nicht weit von hier. Ich habe seine Adresse schon herausgefunden. Na, was ist? Ihr müsst doch die Hauptperson in dieser Sache auch endlich einmal kennenlernen!“ Lulu stürmte schon in den Flur, während Nina und Jim sich etwas erstaunt ansahen.

„Irgendwie geht mir das alles gerade ein bisschen zu schnell“, sagte Nina.

„Ist doch egal!“ Jim war begeistert. „Hauptsache, es ist endlich mal wieder was los!“

„Auch wieder wahr.“ Selbst die strenge Nina ließ sich zu einem Grinsen hinreißen, dann rannten sie Lulu hinterher.

ÜBUNG 11 !

Übung 11: Jims Haare wachsen in 5 Tagen 1 mm. Zusammen wachsen sie in einer Stunde einen Meter. Wie viele Haare hat Jim auf dem Kopf?

Das Haus von Herrn Scharte lag etwas abseits am Rande einer größeren Altbausiedlung. Lulu, Nina und Jim betrachteten den kleinen Vorgarten, der – wie Lulu belustigt feststellte – gepflegt wild aussah. Lulu hatte schon die Hand an der Klingel, da zögerte sie einen Moment.

„Was ist?“, zischte Nina.
„Ach, ich muss mir nur kurz einen Grund ausdenken, warum wir eigentlich hier sind“, flüsterte Lulu.
„Was?“, keuchte Nina entsetzt, doch da hatte Lulu auch schon die Klingel gedrückt.
Als sich die Gartentür mit einem Summen öffnete, eilte Lulu mit schnellen Schritten zur Haustür, die sich inzwischen geöffnet hatte. Sie griff nach der Hand des überraschten Mannes, begrüßte Herrn Scharte freundlich und stellte auch gleich ihre Freunde vor. Herr Scharte schielte über seine dicke Brille hinweg und sah auf Lulu und ihre Gefährten hinunter. Er war sehr groß und schlank, beinahe schlaksig. Dicke, teils schon ergraute Haarsträhnen standen ungekämmt von seinem Kopf ab. Nina fand, dass er aussah wie ein typischer Wissenschaftler – oder aber wie einer, der bis vor einem Moment geschlafen und dabei den Albtraum seines Lebens gehabt hatte.
„Geht es um die Nachhilfe?“, fragte Herr Scharte irritiert.
„Vortrefflich bemerkt!“, bestätigte Lulu und machte einen beherzten Schritt auf Herrn Scharte zu.
„Und in welcher Form kann ich dir behilflich sein?“ Der Nachhilfelehrer war einen Schritt in den Flur zurückgewichen und Jim, Nina und Lulu drückten sich nun gemeinsam in die enge Eingangstür.
„Könnten Sie mir noch einmal das Übungsblatt für die Nachhilfe morgen geben? Wissen Sie, ich habe es nämlich verlegt – was natürlich unverzeihlich ist.“ Lulu seufzte bekümmert.
„Verlegt …“, murmelte Herr Scharte. „So, so. Und da kümmerst du dich erst heute um einen Ersatz?“ Er sah für einen Moment etwas missbilligend drein.
„Ich übe noch heute Abend!“, rief Lulu und setzte ihr höflichstes Lächeln auf. „Wenn Sie mir den Zettel noch einmal geben.“

„Sicher, sicher.“ Herr Scharte kratzte sich am Kopf. „Da muss ich mal eben überlegen. Wo habe ich den denn nur? Wartet doch einen Moment.“ Mit diesen Worten verschwand er in einem der Zimmer, die vom Flur abgingen. Lulu sah sich zufrieden um. Sie trat in den Flur und betrachtete eingehend die Fotos an den Wänden. Nina und Jim, etwas peinlich berührt angesichts ihres plötzlichen Überfalls auf Herrn Scharte, blieben in der Eingangstür stehen und beobachteten Lulu, die so tat, als würde sie tagtäglich in der Wohnung ihres Nachhilfelehrers herumspazieren.

Übung 12: Lulu musste bei ihren Nachforschungen einen Sandhaufen abtransportieren. Wenn sie ihren Schubkarren mit 54 kg belädt, muss sie 64-mal fahren. Wie viel müsste sie laden, damit sie nur 48-mal fahren muss?

„Schön wohnen Sie hier!“, zwitscherte Lulu, als Herr Scharte mit dem Übungsblatt in der Hand wieder in den Flur trat. „Gehört das Haus Ihnen?“
„Äh …“ Herr Scharte schüttelte verwirrt den Kopf. „Ja, äh, also, das Haus gehörte schon meinem Vater.“
„Wunderschön!“, rief Lulu erfreut und zeigte auf eines der Fotos. „Das ist er wohl?“
„Ähm, ja“, antwortete Herr Scharte und rückte seine Brille zurecht.

„Und das sind Ihre Frau und Ihr Sohn?“ Lulu deutete auf einen anderen Rahmen.
„Ach, äh, nein. Ich war nie verheiratet. Das ist meine, äh“, Herr Scharte schluckte nervös, „äh, wie sagt man, äh, Lebensgefährtin. Und neben ihr, das ist ihr Patenkind Cornelis.“
„Cornelis Löw?“, fragte Lulu sofort und Nina und Jim sahen sich erstaunt an. Sie selbst hatten den Namen noch nie gehört.
Herr Scharte nickte und drückte Lulu das Übungsblatt in die Hand. „Woher kennst du …“ begann er.
„Dann wollen wir gar nicht weiter stören, Herr Scharte“, unterbrach ihn Lulu. „Wir sind schon weg!“ Und sie trat wieder hinaus ins Freie. „Vielen Dank für das Übungsblatt!“
Sie waren schon wieder auf dem Gehweg, da drehte sich Lulu nochmals kurz um. Herr Scharte sah ihnen mit leicht geneigtem Kopf hinterher.

„Was sollte denn diese dämliche Fragerei?“ Jim presste wütend die Lippen aufeinander. „Das war echt total peinlich!“
„Mann, Jim, ich denke, wir wollen einen Fall aufklären!“, rief Lulu. „Wir haben doch eine Menge herausbekommen!“
„Das stimmt allerdings“, musste Nina zugeben. „Eines ist jedenfalls klar: Wie ein Dieb sieht dein Herr Scharte tatsächlich nicht aus, eher wie ein Professor oder so.“
„Ja. Und Geldnöte scheint er auch nicht zu haben. Überlegt doch mal! Er besitzt ein Haus ganz für sich allein. Keine Frau, keine Kinder. Wozu sollte er auf so eine gewagte Art und Weise Geld stehlen, wie es ihm vorgeworfen wurde?“ Lulu hakte sich bei ihren Freunden unter. „Ich meine, wir kennen seine finanzielle Situation nicht, aber er sieht nicht so aus, als hätte er einen besonders kostspieligen Lebenswandel.“
„Stimmt.“ Jim überlegte. „Sah eigentlich alles ganz normal aus.

An seiner Stelle würde ich mir vielleicht mal über kurz oder lang ein neues Auto kaufen, wenn die Schrottmöhre vor der Haustür sein Wagen war …“

„Auf was du wieder achtest! Autos!“ Nina tippte sich an die Stirn.

„Und wer ist eigentlich dieser Cornelis Löw?“, fragte Jim, ohne auf Nina zu reagieren. „Es hörte sich so an, als würdest du ihn kennen, Lulu.“

„Kennen ist zu viel gesagt!“, meinte Lulu, blieb stehen und holte wieder den Zettel von Frau Hansig heraus. „Aber seht! Irgendwann vormittags scheint dieser Cornelis Löw im Sekretariat oder im Lehrerzimmer vorbeigekommen zu sein. Unsere Sekretärin hat seinen Namen in Klammern neben den Namen von Herrn Scharte geschrieben.“

ÜBUNG 13 !

Übung 13: Die drei Freunde rätseln über Cornelis Löw. Hier ein kleines Rätsel für dich: Welche Zahl muss man mit 37 multiplizieren, um die Differenz aus dem Quadrat der Zahlen 11 und 10 zu erhalten?

„Tatsächlich!“, rief Jim und beugte sich über das Papier. „Irgendwie wird die ganze Geschichte immer spannender.“

„Aber auch undurchsichtiger“, stellte Nina nüchtern fest.

„Umso mehr kommt es jetzt auf die richtige Planung an!“ Lulu steckte den Zettel wieder ein und rieb sich die Hände. „Hat jemand etwas dagegen, wenn ich die Organisation übernehme? Immerhin habe ich den Fall überhaupt erst aufgetan!“
Jim und Nina überlegten.
„Recht hat sie!“, räumte Jim gönnerhaft ein und sie setzten ihren Weg fort.
„Und was machen wir als Nächstes?“, fragte Nina.
„Einen Namen finden!“, rief Jim. „Schließlich sind wir jetzt so etwas wie Detektive!“
„Einen Namen haben wir schon!“ Lulu stupste ihre Freunde an. „Erinnert ihr euch, wie wir in der zweiten Klasse einen Geheimbund gegründet haben? Da haben wir uns doch ‚Die Wühlmäuse‘ genannt.“
„Richtig!“ Nina schmunzelte. „Wir wollten leise und heimlich wie die Mäuslein Geheimnisse ‚aufwühlen‘.“
„Und Jahre später haben wir endlich unseren ersten Fall!“, freute sich Jim. „Und wie ist jetzt der weitere Plan, Chef?“, fragte er Lulu, woraufhin Nina albern kicherte.
„Erst einmal müssen wir den Übungszettel von Herrn Scharte für morgen lösen“, antwortete Lulu. „Die Ausrede mit dem Zettel ist mir nur deshalb so schnell eingefallen, weil sie der Wahrheit entspricht. Ich habe die Aufgaben nämlich tatsächlich verschlampt.“
Nina stöhnte.
„Reg dich wieder ab, Frau Oberlehrerin!“, fuhr Lulu mit einem genervten Blick auf Nina fort. „Durch unsere Nachforschungen bin ich schließlich wieder an die Übungen gekommen. Also können wir sie jetzt auch lösen. Danach können wir mit unserem Fall weitermachen.“
„Warum sollten wir die Übungen gemeinsam lösen?“, fragte Jim entrüstet. „Du musst doch allein lernen!“

„Ihr könnt doch die Chefin der Wühlmäuse nicht einfach so hängen lassen!“, rief Lulu entrüstet.
„Nee, nee, das machst du mal schön allein!“ Jim drohte mit seinem Zeigefinger.
„Ein ganz klein bisschen helfen können wir schon“, lenkte Nina ein. „Aber nur, wenn Lulu gar nicht mehr weiterweiß. Komm, Jim, ein bisschen Übung kann uns auch nicht schaden.“
„Phhh!“, machte Jim, aber dann ging er doch mit den beiden Mädchen mit. Er hatte nach diesem aufregenden Nachmittag noch überhaupt keine Lust, allein zu Hause herumzuhängen. Und ein paar Matheaufgaben zu lösen, schadete ihnen allen gewiss nicht.

ÜBUNG 14 !

Übung 14: Folgende Aufgabe steht auf Herrn Schartes Übungsblatt: Beim Skifahren sind aus einer großen vollen Gondel 32 Personen ausgestiegen, aber nur 19 Personen zugestiegen, die bis zum Gipfel wollen. Es ist jetzt genau ein Drittel der Gondel frei. Wie viele Personen passen in die Gondel?

Das Übungsblatt hatte es wirklich in sich! Nachdem die drei die Aufgaben gelöst hatten, beschlossen sie, dass es für heute genug war. Sie einigten sich darauf, dass jeder für sich noch einmal über den Fall und das weitere Vorgehen nachdachte. Dann trennten sie sich.

Am folgenden Nachmittag ging Lulu zur Nachhilfe bei Herrn Scharte. Sie überlegte hin und her, ob sie ihn in ihre Recherchen einweihen sollte. Schließlich entschied sie sich dagegen, und zwar aus mehreren Gründen. Zum einen kannte sie Herrn Scharte nicht gut genug. Sie konnte nicht einschätzen, wie er darauf reagieren würde, dass Lulu und ihre Freunde in seiner so delikaten Angelegenheit herumschnüffelten. Zum anderen war es doch seltsam, dass Herr Scharte sich nicht selbst um die Aufklärung des Diebstahls gekümmert hatte.

„Wer weiß“, dachte Lulu, „vielleicht hat er ja sogar versucht, den Fall zu klären. Aber sehr weit scheint er mit seinen Nachforschungen nicht gekommen zu sein.“

Lulu befürchtete, dass Herr Scharte es ihnen einfach verbieten könnte, die Recherchen in seiner Sache fortzuführen.

Und schlussendlich gab es noch einen weiteren Grund, Herrn Scharte nichts zu erzählen. Es bestand immerhin auch noch die Möglichkeit, dass er – entgegen der Annahme der Wühlmäuse – doch selbst der Dieb gewesen war.

Übung 15: Noch eine weitere Aufgabe vom Übungsblatt: In der Klasse 6a sind zwei Schüler mehr als in der 6b, aber drei Schüler weniger als in der Klasse 5c. Alle drei Klassen zusammen haben 88 Schüler. Berechne die einzelnen Klassenstärken!

Als Lulu ins Lernzimmer des Nachhilfeinstituts trat, war Herr Scharte bereits da und putzte seine Brille.

„Und? Hast du die Aufgaben geschafft?“, fragte er.

„War ganz schön anstrengend für einen einzigen Abend“, gab Lulu zu. „Aber ich habe trotzdem alle Übungen gelöst.“

„Das ist der richtige Ansatz“, meinte Herr Scharte und setzte sich seine Brille wieder auf. „Aber ich habe da noch eine andere Frage.“

„Aber immer, Herr Scharte!“

„Als du dir die Bilder im Flur angesehen hast, hast du das Patenkind meiner, äh, Lebensgefährtin nicht erkannt. Aber den Namen von Cornelis kanntest du. Das fand ich seltsam. Wie ist das zu erklären? Du verstehst, ich bin, äh, Mathematiklehrer und von Natur aus ein logisch denkender Mensch.“ Herr Scharte musterte Lulu aufmerksam.

„War Cornelis nicht einmal auf unserer Schule?“, fragte sie ins Blaue hinein. Im Stillen betete sie darum, jetzt nicht rot zu werden. „Ich dachte, ich hätte den Namen schon einmal gehört. So viele Cornelisse gibt es schließlich nicht.“

„Von welcher Schule kommst du denn? Das weiß ich ja noch gar nicht!“

„Vom Leibnitz-Gymnasium“, antwortet Lulu und kramte sofort unschuldig in ihrer Tasche.

„Ach?“ Auch Herr Scharte griff nun nach seiner Tasche und öffnete sie schnell. „Aber, äh, ja, ja, dann kann das sein, ja. Cornelis war tatsächlich einmal auf dieser Schule.“

„Sie doch auch, habe ich einmal so nebenbei gehört?“, wagte Lulu zu fragen.

„Richtig, äh, ja. Doch dann wandte ich mich wieder der Forschung zu. Ich bin ja nun an der Universität, leider nur eine halbe Stelle, deshalb, äh, Nachhilfe. Ja.“ Herr Scharte räusperte sich.

„Verstehe“, sagte Lulu schnell.

Herr Scharte nickte und begrüßte die anderen Schüler, die nach und nach in den Raum kamen.

Übung 16: Für die nächsten Minuten muss sich Lulu wieder voll auf Mathe konzentrieren. Kennst du dich mit der Zeit aus? Vereinfache! Addiere die einzelnen Zahlen des Ergebnisses, um die Lösungszahl zu erhalten!

ÜBUNG 16 !

1. 1 min 120 s = ______________________________
2. 7 h 480 min = ______________________________
3. 2 h 112 min 360 s = __________________________

____

„Neuigkeiten!“, sagte Lulu, als Nina und Jim bei ihr zu Hause eintrafen.
Sie warf einen neidischen Blick auf Ninas Sporttasche und ihr vom Fußballspielen gerötetes Gesicht. Nina warf die Sachen mit einer schuldbewussten Miene in die hinterste Ecke der Garderobe. Lulu winkte die beiden ungeduldig in ihr Zimmer.
„Moment noch!“ Jim lief zur Küche hinüber. „Melanie, bist du da?“
„Jaha!“, rief es aus dem Wohnzimmer und Frau Flöckchen streckte den Kopf in den Flur.
„Hast du noch etwas von dem Kuchen von gestern übrig, ganz zufälligerweise?“
Nina und Lulu zogen Jim am Arm.
„Endlich jemand, der meine Backkünste zu schätzen weiß!“, stellte Frau Flöckchen fest und lachte. „Armer Jim! Ein leerer Magen und zwei wilde Hühner. Ich bringe dir gleich was, in Ordnung?“
„Das wäre wunderbar!“ Jim ließ sich nur widerwillig die Treppe hochziehen.

„Also, was gibt es Neues?“, fragte Nina, als sie in Lulus Zimmer angelangt waren.
„Ich bin diesem Cornelis Löw auf der Spur“, erzählte Lulu stolz. „Wusstet ihr, dass er auch einmal bei uns auf der Schule war?“
Nina und Jim staunten.

ÜBUNG 17 !

Übung 17: Nina und Jim staunen über Lulus Entdeckung. Mal sehen, ob du folgende Aufgabe lösen kannst: Auf dem Werkgelände eines Autoherstellers stehen 1.517 Neuwagen. Sie sind so geparkt, dass sie ein vollständiges Rechteck bilden. Wie viele Autos stehen neben- und hintereinander? Addiere die beiden Zahlen, um die Lösungszahl zu erhalten.

„Und Herr Scharte scheint sich viele Gedanken über diesen Cornelis zu machen. Das war jedenfalls mein Eindruck. Ich glaube, sie stehen sich sehr nahe. Aber das ist nur eine Vermutung.“ Lulu dachte an das Gespräch mit Herrn Scharte zurück. „Aber nun zum weiteren Vorgehen“, fügte sie hinzu. „Wir wissen jetzt, wie wir in Sachen Cornelis weiterkommen. Er war immerhin auf unserer Schule. Jim, frage doch einmal deinen Bruder, ob er etwas über den Knaben weiß. Oder frage sonst jemanden von den Älteren. Du hast in die oberen Klassen unserer Schule einfach bessere Kontakte als Nina und ich.“

Jim nickte ernst. Er zog ein kleines Notizbuch und einen winzigen Bleistiftstummel aus seiner Hosentasche.

„Cornelis Löw“, sagte er langsam und notierte sich den Namen. „Mit C oder mit K?“

„Sag’ mal, hat jemand dein Gehirn amputiert, oder warum brauchst du für einen einzigen Namen ein ganzes Notizbuch?“, fragte Lulu grimmig und Nina lachte gehässig.

„Jeder Detektiv besitzt ein Notizbuch“, sagte Jim. Er hatte es sich schon lange abgewöhnt, sich von Lulu ärgern zu lassen. „Aber genug an mir herumgemault. Welche Aufgaben habt ihr eigentlich?“

„Nina und ich werden die Recherchen bei unserer Sekretärin Frau Hansig vertiefen. Wir müssen einfach mehr über den Ablauf des Tages herausbekommen.“ Lulu hob ratlos ihre Hände. „Aber ehrlich gesagt habe ich keine Ahnung, wie wir an die Informationen herankommen sollen.“

„Einen Versuch ist es wert“, sagte Nina und war auch schon auf den Beinen.

Gemeinsam verließen sie das Haus, Jim mit einem dicken Stück Kuchen in der Hand. Dann wünschten sie sich gegenseitig viel Glück und machten sich auf den Weg.

Übung 18: Lulu kommt um 13:20 Uhr von der Schule nach Hause. 30 Minuten später, nach dem Mittagessen, beginnt sie mit ihren Nachforschungen. Danach geht sie zu ihrer Freundin. Nach 2 h und 15 Minuten, um 18:10 Uhr geht sie wieder heim. Wie viele Minuten dauerten die Nachforschungen?

„Nur Mut!“, sagte Nina, als sie mit Lulu allein war. „Überlass’ das Gespräch einfach mir. Ich habe schon eine Idee, wie wir die Sache angehen können.“

Lulu war froh, dass Nina so zuversichtlich war. Sie selbst hatte eigentlich keine große Lust auf das Gespräch mit der Sekretärin ihrer Schule. Sie fand Frau Hansig immer recht unfreundlich. Auch konnte sie sich nicht vorstellen, dass die Sekretärin Zeit und Lust hatte, mit den Wühlmäusen zusammenzuarbeiten.

Als sie klingelten, zupfte Nina sich ihre Jacke zurecht, strich sich einmal durch ihre langen dunklen Haare, die in sanften Wellen über ihre Schultern fielen, und setzte das bravste Lächeln auf, das sie zustande brachte. Lulu fand, dass Nina beinahe unverschämt brav aussehen konnte, eine Eigenschaft, mit der man es in der Erwachsenenwelt sehr weit bringen konnte, wie Lulu schon mit einigem Neid festgestellt hatte. Sie selbst besaß diese Gabe leider nicht. Selbst wenn sie völlig arglos und unschuldig war, hatte sie immer einen Ausdruck in den Augen, der erwachsene Menschen das Schlimmste vermuten ließ.

„Guten Tag, Frau Hansig!“, sagte Nina höflich. „Entschuldigen Sie, dass wir stören, aber ich war ja so wahnsinnig froh, als Lulu Flöckchen mir erzählte, dass sie über ihren Vater Kontakt zu Ihnen pflegt.“

Übung 19: Auf dem Weg zu Frau Hansig kommen die beiden an einem Supermarkt vorbei. Dort kaufen sie eine Sechserpackung Apfelsaft als Verpflegung für 7,98 €. Wie viel sparen die beiden, wenn eine Einzelflasche 1,48 € kostet?

„Worum geht es denn?“, fragte Frau Hansig beinahe freundlich. Nina schien den richtigen Ton angeschlagen zu haben.
„Wir schreiben eine Projektarbeit über das Thema ‚Stress in der Schule‘. Ich habe lange überlegt, wie ich das Thema angehen will. Und schließlich hatte ich eine Idee: ‚Stress in der Schule‘ – warum nicht ein Interview mit einer Person führen, die da sicherlich ein bisschen mehr erzählen kann als eine Schülerin der achten Klasse, oder?“
Keine zwei Minuten später saßen sie an Frau Hansigs Küchentisch und hörten sich geduldig die verschiedenen und schier unzähligen Aufgabenfelder einer Schulsekretärin an, während Nina sich fleißig Aufzeichnungen machte.
„Als Sekretärin erlebt man sicherlich die wildesten Dinge!“, sagte Nina schließlich und Lulu musste sich das Lachen verkneifen.

„Was war denn in den letzten Jahren das Seltsamste und Aufregendste, was Ihnen als Sekretärin aufgetragen wurde?"

„Ich könnte dir Sachen erzählen …" Frau Hansig zwinkerte mit den Augen. „Ich war sogar schon einmal als Detektivin tätig." Sofort schlug sie sich auf den Mund.

„Sie meinen die Sache mit Herrn Scharte?", fragte Lulu besänftigend, während sie natürlich vor Aufregung fast platzte. „Darüber wissen wir Bescheid, aber wir können schweigen wie ein Grab."

ÜBUNG 20!

Übung 20: Frau Flöckchen kauft für das nächste Treffen der drei Freunde ein. Der Inhalt Ihrer Tasche wiegt 5 kg 250 g. Es sind 11 Tafeln Schokolade zu je 100 g, Mandarinen zu insgesamt 2 kg 340 g, einige Äpfel sowie 1 kg 230 g Nüsse in der großen Tasche. Wie schwer sind die Äpfel?

Frau Hansig sah Lulu verwundert an, dann aber schien sie zu beschließen, dass ein Gespräch mit diesen beiden Mädchen völlig harmlos war.

„Wisst ihr", plapperte sie drauflos, „ich hätte das ja nie im Leben von Herrn Scharte gedacht. Überlegt euch mal: Stehlen! In der Schule! Wie dem auch sei, ich musste damals eine Liste anfertigen, wer wann wo im Lehrerzimmer anzutreffen war. Ich habe mir damals wirklich Mühe gegeben, aber als ich die Liste abgeschlossen hatte, da war der Fall schon aufgeklärt."

„Ja, der Herr Scharte, wer hätte das gedacht!", sagte Nina gedehnt und schüttelte den Kopf.

„Und ich wollte ihm noch helfen!", sagte Frau Hansig.

Nina und Lulu beugten sich interessiert weiter nach vorn.

„Wie?", fragte Nina.

„Ich kann mich an den Tag sehr genau erinnern." Frau Hansig lehnte sich zurück und verschränkte die Arme. „In der großen Pause kam Herr Scharte zu mir hineingestürmt und fragte, ob er etwas an meinem Computer ausdrucken könne. Er war in Begleitung eines Schülers: Cornelis Löw, dieser freche Bengel, mit dem gab es doch immer nur Ärger!"

„Und was war daran so besonders?", fragte Lulu.

„Nichts weiter, aber Herr Scharte war immer so verwirrt und vergesslich, na ja, und immer zu spät dran. Er drückte mir eine Diskette in die Hand und fragte, ob ich so freundlich wäre, ihm das Ausgedruckte ins Fach zu legen. Sein Drucker wäre kaputt, deswegen müsste er mich darum bitten. Dann stürmte er davon und sagte, er müsste noch schnell ins Lehrerzimmer. Und Cornelis ließ sich seinen Schulausweis verlängern. Und als uns auffiel, dass Herr Scharte seine Tasche im Sekretariat vergessen hatte, bot sich Cornelis Löw an, Herrn Scharte die Tasche in seiner Klasse vorbeizubringen." Frau Hansig schnaubte. „Ich meine, die beiden schienen sich gut zu kennen, duzten sich und so. Also habe ich mir nichts dabei gedacht. Als ich aber die Liste anfertigte und sah, dass der Schlüssel von Herrn Scharte in der dritten Stunde gebraucht worden war, da wurde ich misstrauisch. Ich sagte dem Direktor, dass auch Cornelis Löw als Dieb infrage käme. Vielleicht – oder mit größter Wahrscheinlichkeit – befand sich ja der Schlüssel in Herrn Schartes Tasche. Da hätte doch Cornelis …"

Übung 21: Auch Nina hat Naschsachen eingekauft: zuerst 3 Tafeln Schokolade zu je 59 Cent, Gummibärchen für 1,95 €, eine Packung Erdnüsse sowie Orangesaft für 79 Cent. Auf einen 10-Euro-Schein bekommt sie 4,30 € zurück. Was kostete die Packung Erdnüsse in Cent?

„Und wie reagierte der Direktor darauf?“, fragte Lulu aufgeregt.
„Er rief Herrn Scharte sofort an, aber den interessierte das mit dem Schlüssel gar nicht. Er sagte wohl immer nur: ‚Ist doch schon egal, ist doch schon egal‘ oder so ähnlich. ‚Ich werde die Schule verlassen, jetzt lassen Sie mich doch in Ruhe!‘“
„Seltsam“, sagte Nina und Lulu kratzte sich gedankenverloren am Kopf.
„Wie reagierte Herr Scharte eigentlich, als er des Diebstahls überführt wurde?“, fragte Nina.
„Ach, da war ich ja nicht dabei. Aber eine Lehrerin hat es mir natürlich erzählt.“ Frau Hansig überlegte kurz. „Es herrschte wohl schon ein ziemlicher Tumult im Lehrerzimmer, denn es war die zweite Pause, als der Diebstahl bemerkt wurde“, fuhr sie fort. „Alle redeten durcheinander, rasten herum und suchten hier und dort. Jedenfalls begann dann einer, die Organisation der Suche zu übernehmen. Ich glaube, es war Herr Wild, der Geschädigte selbst. Ja, ja, der Herr Wild. Der ist jetzt Direktor am Wiesengrund-Gymnasium, genau.“

„Und weiter?“, fragte Lulu.
„Ja, jedenfalls öffneten alle ihre Schließfächer und Taschen. Und als Herr Scharte hereinkam, wurde er ebenfalls gebeten, seine Tasche zu öffnen. Er war stumm wie ein Fisch, als sie das Geld fanden. Ganz unten am Boden der Tasche war es versteckt.“ Frau Hansig schwieg einen Moment nachdenklich. Plötzlich sah sie die beiden Mädchen streng an. „Warum erzähle ich euch das alles eigentlich? Bin ich verrückt geworden? Was interessieren euch die alten Geschichten?“
„Wir sind wohl irgendwie vom Thema abgekommen“, sagte Lulu schnell, packte Nina am Arm und stand auf. „Vielen Dank jedenfalls für das Gespräch.“
„Schon gut, schon gut.“ Frau Hansig zog die Augenbrauen nach oben. Als sie sich an der Tür verabschiedeten, lächelte sie plötzlich. „Viel Glück bei euren Recherchen!“, sagte sie. „Ich hoffe, ich konnte euch helfen.“

Übung 22: Auf dem Heimweg fällt Nina eine Aufgabe von Herrn Schartes Übungsblatt ein, die sie alle nicht lösen konnten. Aber vielleicht du? Ein 150 m langer Zug fährt mit einer Geschwindigkeit von 72 $\frac{\text{km}}{\text{h}}$ *über eine 250 m lange Brücke. Wie lange dauert es von dem Zeitpunkt, an dem die Spitze des Zugs auf die Brücke kommt, bis zu dem Zeitpunkt, an dem das Ende des Zugs die Brücke verlässt?*

„Ich glaube, wir kommen der Sache langsam auf den Grund“, sagte Lulu und machte vor Aufregung einen kleinen Sprung. „Wir müssen nur noch diesen Cornelis Löw unter die Lupe nehmen und …“

„Ja, logisch!“ Nina tippte sich an die Stirn. „Nichts einfacher als das! Wir werden gleich einmal zu ihm hingehen, und er wird uns sofort sagen, dass er das Geld gestohlen und in der Tasche des Freundes seiner Patentante untergebracht hat. Ein Kinderspiel wird das!“

„Einen Plan können wir uns immer noch überlegen“, meinte Lulu, beinahe beleidigt. Sie fand es nicht sehr nett von Nina, dass diese sie in ihrer Begeisterung bremste.

„Schau, da kommt auch schon Jim. Vielleicht kann er uns weiterhelfen.“ Lulu deutete auf einen Jungen, der sich pfeifend, die Hände in den Hosentaschen vergraben, näherte.

„Wenn man ihn nicht kennen würde, sähe er beinahe attraktiv aus“, überlegte Lulu.

„Und? Habt ihr etwas herausbekommen?“, fragte Jim, als er bei den anderen Wühlmäusen angekommen war. Bevor Nina und Lulu antworten konnten, sprudelte es jedoch schon aus ihm heraus: „Also, dieser Cornelis Löw, das muss ein wilder Hund sein! Mein Bruder kannte ihn noch, obwohl er eine Stufe unter ihm war, was für Cornelis’ Bekanntheitsgrad spricht, stimmt’s?“ Jim grinste. „Er muss eine Menge Ärger gemacht haben: Mülltonnen anzünden, Streiche aushecken, sich mit den Lehrern anlegen …“ Er sah sich um, dann winkte er Nina und Lulu näher zu sich heran. „Das krummste Ding aber war, dass er wohl Klassenarbeiten verkauft hat.“ Er sah den beiden Mädchen abwechselnd ins Gesicht.

„Du spricht in Rätseln“, sagte Lulu verärgert. „Drück’ dich klarer aus!“

„Na – er hat wohl ab und zu eine Klassenarbeit, die in den nächsten Tagen geschrieben werden sollte, an die betreffenden Schüler der Klasse verkauft. Und ratet mal, wer der Lehrer war, bei dem die Arbeiten geschrieben wurden?“

Übung 23: In der Klassenarbeit hat sich noch folgende Aufgabe versteckt: Ein Auto fährt mit einer Geschwindigkeit von $52\ \frac{\text{km}}{\text{h}}$. *Plötzlich rollt ein Ball 15 m vor dem Auto über die Straße. Wie weit kommt das Auto in der sogenannten Schrecksekunde?*

„Herr Scharte?“, riefen Nina und Lulu gleichzeitig und Jim nickte.
„Wann war das?“, fragte Nina.
„Das wusste mein Bruder nicht mehr so genau. Aber das ging wohl so bis zu Herrn Schartes Abgang.“ Jim war sichtlich zufrieden mit dem Ergebnis seiner Recherchen.
„Diesen Cornelis müssen wir uns unbedingt einmal genauer ansehen“, stellte Lulu fest. „Weißt du, auf welcher Schule er jetzt sein Unwesen treibt?“
„Wenn er eine Stufe unter Hannes war, dann wird er jetzt in der Zehnten sein“, überlegte Nina.
„Den Namen seiner neuen Schule kenne ich nicht“, antwortete Jim gelassen. „Aber ich weiß, in welchem Verein er Fußball spielt.“
„Klasse, Jim!“ Lulu schlug ihm auf die Schulter. „Leute, findet ihr nicht, dass wir ein Spitzenteam sind?“
Nina und Jim nickten begeistert.
„Und wo wir gerade so nett beieinander sind, können wir uns doch gleich noch zusammen den Übungszettel von Herrn Scharte anschauen, nicht wahr?“ Lulu sah bettelnd zu Nina und Jim. „Bitte, bitte, bitte!“, fügte sie hinzu. „Nur ein ganz klein bisschen helfen, okay?“
„Aber nur, wenn wir danach einen Plan machen, wie wir weiter vorgehen“, erwiderte Jim streng.
„Logo“, sagte Lulu ernst, doch ihre Augen blitzten. „Wo wir so nahe an der Lösung sind!“

ÜBUNG 24 !

Übung 24: Die Aufgabe, die auf Lulus Übungszettel steht, lautet: Ein Würfel hat die Kantenlänge 5 cm. Um wie viele Quadratzentimeter ändert sich seine Oberfläche, wenn die Kantenlänge um 1 cm vergrößert wird?

Es war ein strahlend heller und wunderschöner Samstagvormittag, als sich Nina auf den Weg zum Sportplatz machte. Die Wühlmäuse hatten in Erfahrung gebracht, dass die A-Jugend des Vereins von Cornelis Löw gegen den SV Hasenbruch spielte. Jetzt musste sie nur noch das Glück haben, dass Cornelis auch wirklich antrat.

Das Spiel war schon im Gange, als Nina das Fußballfeld am Rande des Stadtparks gefunden hatte. Sie mischte sich unter die wenigen Zuschauer, die vor allem aus Eltern, Geschwistern und Freunden der Spieler bestanden. Nina lehnte sich über die Stange am Rand des Feldes und sah fachmännisch dem Getümmel auf dem Platz zu. Es war ein schnelles und aggressives Spiel. Verbissen wurde um jeden Ball gekämpft. Selbst innerhalb der Mannschaften war die Stimmung angespannt. Verlor ein Spieler den Ball oder passte jemand ungenau, wurde er sofort von den eigenen Mannschaftskollegen beschimpft.

„Typisch Jungs!“, dachte Nina.

Sie rümpfte abwertend die Nase. In ihrer Mannschaft wurde zwar auch viel geschimpft, aber doch meist nur über die Spielweise der Gegner. Das wiederum, fand Nina, gehörte einfach zum Fußball dazu.

Schnell fiel das erste Tor für den SV Hasenbruch.

„Cornelis!“, hörte Nina den Trainer bei einem Angriff vom FC Beggenhorst rufen, „Freilaufen! Du musst dich freilaufen! Der klebt ja an deinen Hacken wie Kaugummi, Mann!“

Ninas Magen zog sich vor Aufregung kurz zusammen, dann sah sie, wie einer der Jungen dem Trainer beruhigend zuwinkte. Cornelis. Sie hatte ihn gefunden!
Das ganze Spiel über beobachtete sie ihn. Ein guter Spieler, wie Nina feststellte. Er war schnell, umsichtig und vor allem torstark. In der zweiten Halbzeit konnte er zwei Tore für sich verbuchen und der FC Beggenhorst gewann schließlich 3:1.
„Besser konnte es für mich nicht laufen“, stellte Nina fest.
Trotzdem zögerte sie lange, Cornelis nach dem Spiel anzusprechen. Sie schimpfte in Gedanken wie ein Rohrspatz auf Lulu und Jim, die sie so schmählich im Stich gelassen hatten. Ausflug mit den Eltern, Besuch von alten Freunden aus Berlin – pah, was waren das für Ausreden! Und jetzt lag alles an ihr allein! Erst im letzten Moment, als Cornelis schon in der Umkleide verschwinden wollte, fasste Nina sich ein Herz.
„Cornelis?“ Sie zupfte ihn kurz am T-Shirt und der Junge ließ die Klinke der Tür wieder los. Langsam drehte er sich um und sah Nina fest in die Augen – eine Ewigkeit, wie es Nina schien. Ihr Herz machte einen kleinen Sprung.

ÜBUNG 25 !

Übung 25: Als Nina auf dem Sportplatz war, hatte sie eine quaderförmige Tasche mit den Maßen 24 cm, 360 mm und 8,6 dm dabei. Welche Oberfläche hat Ninas Tasche?

„Ja, was ist denn?"
„Hättest du gleich ein wenig Zeit für mich?", fragte Nina atemlos. „Ich schreibe für das Vereinsblatt. Ich hätte gern ein Interview mit dir geführt."
„Was für ein Vereinsblatt?", fragte Cornelis erstaunt.
„Das vom SV Hasenbein, äh, Hasenbruch", log Nina.
Cornelis sah Nina abschätzend an.
„Hat das Vereinsblatt etwa eine Kinderseite?"
„Wenn du dich selbst als Kind bezeichnen möchtest ...", antwortete Nina spitz.
„Bist du jetzt etwa beleidigt?" Cornelis warf laut lachend den Kopf nach hinten. „Warte eine Minute, ich bin gleich wieder da."
Nina nickte hoheitsvoll, machte zwei Schritte rückwärts, stolperte in eine Gruppe nachfolgender Spieler und verschwand mit hochrotem Kopf.
„Peinlich, peinlich, peinlich!", dachte Nina. „Das geht über meine Kräfte. Jetzt auch noch ein unechtes Interview!"
Dabei hatte sie die Idee, als rasende Reporterin aufzutreten, ziemlich gut gefunden. Bei Frau Hansig hatte es schließlich auch funktioniert! Die Tarnung war einfach zu genial! Immerhin hatten Detektive und Journalisten einiges gemeinsam: Sie stellten Fragen, um die Wahrheit herauszufinden. Noch heute Morgen hatte sie sich das alles so einfach vorgestellt, doch jetzt überlegte Nina ernsthaft, ob sie sich nicht schnell aus dem Staub machen sollte.
„Wo wollen wir das Interview denn führen?", fragte Cornelis, der plötzlich neben Nina stand. „Um ehrlich zu sein, ich habe total Lust auf eine große Cola. Kommst du mit?"
Nina zögerte.
„Kein Geld, was? Habe gerade meinen Monatslohn als Sohn bekommen. Ich fühle mich wie Rockefeller und lade dich ein, Frau Reporterin." Cornelis legte den Kopf schräg und blinzelte.

Übung 26: Nach dem Spiel gibt es immer verschiedene Leckereien. Beim Einkaufen wurden alle gemeinsam gewogen. Es lagen einige Äpfel mit je 162 g, viele Nüsse zu je 9 g sowie mehrere Stückchen Schokolade, die alle jeweils 27 g schwer waren, auf der Waage. Da die Waage kaputt ist und ihre Zehnerstellen nicht funktionieren, zeigt sie ein Gewicht von 14 x 7 g an. Wie lautet die Anzeige richtig?

„In Ordnung“, sagte Nina gönnerhaft und stiefelte mit schlechtem Gewissen hinter Cornelis her.

„Aushorchen und dafür eingeladen werden,“ dachte sie beschämt. „Und wahrscheinlich ist das gar kein Taschengeld, sondern die Beute seines letzten Diebstahls. Das wäre doch nicht so abwegig, oder?“ Immerhin war Cornelis Löw der Hauptverdächtige in ihrem Fall.

Umständlich platzierte Nina das uralte Aufnahmegerät ihres Vaters auf dem Tisch, machte eine Stimmprobe und stellte dann einige Fragen über den Spielverlauf und das Verhältnis der beiden Vereine zueinander. Hierbei stellte sich heraus, dass Nina Zeuge eines echten Lokalderbys gewesen war. Am Ende des Gesprächs drückte Nina auf die Stopptaste ihres Geräts und die Cola war immer noch halb voll.

„Auf welche Schule gehst du eigentlich?“, fragte Nina, um das Gespräch in Gang zu halten und in die richtige Richtung zu lenken. Schließlich fing das wahre Interview jetzt erst an! Nur dass ihr Gesprächspartner davon natürlich nichts mitbekommen durfte.
„Auf das Wiesengrund-Gymnasium“, antwortete Cornelis leutselig. „Und du?“
„Leibnitz“, antwortete Nina kurz und sah Cornelis aufmerksam an.
„Da war ich auch mal!“, rief er überrascht.
„Was du nicht sagst!“ Nina schlug die Hände zusammen und riss die Augen weit auf. „Du bist nicht etwa der berühmte Cornelis …“
„Der berühmte Cornelis?“ Cornelis machte ein erstauntes Gesicht.
„So ein Zufall! Ja! Der wilde Cornelis, der Mülleimer anzündete, Lehrer ärgerte …“ Nina nahm einen Schluck von ihrer Cola. „Du bist so etwas wie eine Legende an unserer Schule.“

Übung 27: Eine Primzahl ist eine Zahl, die nur durch sich selbst und durch eins teilbar ist. Zähle alle Primzahlen bis 50 auf und addiere sie!

„Na ja." Cornelis lächelte verhalten. Er sah nicht gerade begeistert aus. „Man tut, was man kann."

„Es gibt da sogar das Gerücht, du hättest Klassenarbeiten an andere Schüler verkauft. Machst du das immer noch?"

Cornelis hob abwehrend die Hände. Beinahe erschrocken sagte er: „Nie wieder, nein! Das habe ich doch nur ein paar Mal gemacht. Das war ein Zusammentreffen glücklicher Umstände. Es gab da einen Lehrer, den ich gut kannte, und … Eine Dummheit war das!"

„Bist du deshalb von der Schule geflogen?", fragte Nina provozierend.

„Ich bin nicht von der Schule geflogen." Cornelis stellte sein Getränk hart auf dem kleinen Tisch ab. „Ich habe damals viel Mist gebaut, das weiß ich – den Verkauf von Klassenarbeiten noch gar nicht dazugezählt – das kam nämlich nie raus!" Cornelis warf Nina einen scharfen Blick zu. „Und das soll bitte schön auch so bleiben, selbst wenn das Ganze schon lange her ist!"

Nina winkte lässig ab.

„Ich war so oder so bei allen unten durch", fuhr Cornelis fort. „Bei allen! Ich bin froh, dass mir der Direx vom Wiesengrund eine neue Chance gegeben hat, wirklich. Ich bin nicht mehr so wie damals. Dieser ganze Ärger – darauf habe ich gar keine Lust mehr!"

Übung 28: Um Zahlen besser untersuchen zu können, zerlegt man sie in Primfaktoren. Zerlege die folgenden beiden Zahlen in ihre Primfaktoren und addiere diese!

1. 798 = ___

2. 3.795 = ___

___

„Ach so." Nina lehnte sich auf ihrem Stuhl zurück und betrachtete Cornelis nachdenklich von oben bis unten.
„Was ist? Was schaust du so dämlich?" Cornelis rutschte auf seinem Stuhl hin und her.
„Der Lehrer, mit dem du einen so guten Kontakt hattest, wie hieß der denn?", fragte Nina.
„Georg Scharte heißt der. Kennst du ihn?" Cornelis wartete die Antwort gar nicht ab. „Früher haben wir uns klasse verstanden. Der ist ein richtig toller Typ. Aber jetzt …"
„Was ist jetzt?"
„Ach, nichts. Geht niemanden was an." Cornelis nahm den letzten Schluck seiner Cola und fuhr sich über den Mund. „Und du?" Er hatte wohl plötzlich beschlossen, das Thema zu wechseln. „Welche Sportart betreibst du eigentlich beim SV? Bodenturnen oder Jazz Dance?" Er lachte spöttisch.
„Fußball natürlich", antwortete Nina, für einen kurzen Moment unaufmerksam.
„Beim SV Hasenbruch?" Cornelis kniff die Augen zusammen.
„Ja, äh, klar ..." Nina bemerkte zu spät ihren Fehler.
„Willst du mich veräppeln? Beim SV Hasenbruch gibt es keine Mädchen-Fußballmannschaft."

„Nein?“, fragte Nina hilflos.

„Nein! Und überhaupt: Wer bist du eigentlich? Und was willst du?“ Cornelis packte Nina am Handgelenk.

„Nichts! Ich wollte wirklich nur …“ Nina riss ihren Arm zurück.

ÜBUNG 29 !

Übung 29: Wir wollen uns nun etwas mit der Bruchrechnung beschäftigen. Hier zuerst eine kleine Aufgabe: Eine Gewinn von 24.200 € wird unter Jim, Nina und Lulu aufgeteilt. Jim erhält $\frac{3}{5}$, Nina $\frac{4}{11}$ und Lulu den Rest. Wie viel erhalten die drei jeweils?

„Ich habe mich sowieso schon gewundert. Ein Interview! Mit mir! Vereinsblatt! Gibt es das überhaupt? Dass ich nicht lache!“

„Doch, das gibt es!“, antwortete Nina verzweifelt. „Ich schreibe aber nur für den SV, Sport betreibe ich dort nicht. Fußball spiele ich beim …“

„Ja, ja, behalte deine Märchen für dich! Ich gehe jetzt lieber. Du lädst mich doch ein? Man kann sicherlich auch mit Gläserpolieren bezahlen.“ Cornelis stand seelenruhig auf, griff nach seiner Sporttasche und ging zum Ausgang.

„Warte!“, rief Nina. „Ich erzähle dir ja alles!“

Cornelis drehte sich um und kam wieder zum Tisch zurück.

„Ich höre!“, sagte er mit finsterer Miene. „Und keine Lügen mehr, wenn ich bitten darf!“

Nina atmete tief durch. Was sollte sie machen? Ihre Tarnung war aufgeflogen. So erzählte sie, wie Lulu die Geschichte von Herrn Scharte erfahren hatte, von dem Verdacht, dass er eigentlich unschuldig war, ihren Recherchen und wie sie eins und eins zusammengezählt hatten.

„Du bist einfach der Einzige, der die Möglichkeit hatte, das Lehrerzimmer zu betreten“, fügte Nina am Schluss ihres Berichts hinzu. „Wie ich schon sagte: Es gibt einen Beweis, dass der Schlüssel benutzt wurde.“

Übung 30: Noch eine kleine Aufgabe: In der großen Colaflasche von Nina sind noch 450 ml Flüssigkeit enthalten, sodass sie zu $\frac{2}{3}$ *voll ist. Wie viel kann die Flasche noch aufnehmen?*

„Mal langsam“, sagte Cornelis. „Habe ich das richtig verstanden? Georg soll geklaut haben und ist deshalb von der Schule gegangen? Und jetzt verdächtigt ihr mich, dass eigentlich ich der Dieb war?“

„Du wusstest nichts davon?“, fragte Nina. „Das glaube ich dir nicht!“

„Glaub doch, was du willst! Georg erzählte damals meiner Mutter, dass er einen Job an der Uni angeboten bekommen hatte und deswegen die Schule verlassen würde.“ Cornelis drehte das Glas in seinen Händen. „Aber jetzt wird mir einiges klar. Das muss jener Tag gewesen sein, als …“

Cornelis stand auf, kramte in seinen Taschen nach Geld und warf fünf Euro auf den Tisch. Er beachtete Nina gar nicht mehr.
„Warst du es denn?“, fragte sie leise.
Cornelis drehte sich zu ihr. Seine Augen weiteten sich vor Wut.
„Was denkt ihr eigentlich alle von mir? Ihr blöden Leibnitzer! Versucht doch, mir den Diebstahl nachzuweisen! Ihr werdet euch die Zähne an mir ausbeißen!“
Mit diesen Worten war er verschwunden und ließ Nina mit eiskalten Händen und einem unguten Prickeln im Bauch zurück.

ÜBUNG 31 !

Übung 31: Um mit Brüchen besser umgehen zu können, kann man sie kürzen. Führe dies bei den folgenden drei Brüchen vollständig durch und addiere ihre Zähler!

1. = ______________________
2. = ______________________
3. = ______________________

____

„Komm, Nina, du hast alles versucht!“, tröstete Lulu Nina und nahm ihre Freundin fest in den Arm.
„Ja, aber jetzt fühle ich mich auf einmal ganz furchtbar!“ Nina zog die Nase hoch. „Aus Cornelis werden wir jedenfalls nichts mehr herausbekommen. Ich habe alles vermasselt! So ein Mist, Mist, Mist!“ Nina stampfte mit dem Fuß auf. „Außerdem war er echt nett“, fügte sie leise hinzu.
„Echt nett?“, hakte Lulu nach.
„Ja! Er ist ein super Fußballspieler und sieht verdammt gut aus. Mann, Lulu: blaue Augen und braune Locken! Nicht besonders groß, aber irgendwie …“ Nina dachte nach.

„Süüüüß?“, quietschte Lulu.
„Quatsch! Aber lustig war er. Wie er über die Hasenbrucher gelästert hat! Witzig war das. Ich kann dir ja mal das Band vorspielen.“
„Wenn es dem Fall nicht dienlich ist, verzichte ich freiwillig“, meinte Lulu ein wenig verwundert.
„Natürlich bleibt der Verdacht des Diebstahls bestehen. Seine Unschuld jedenfalls konnte er nicht beweisen.“ Ninas Worte klangen unglücklich.
„Trotzdem sollten wir unsere Nachforschungen etwas weiter ausdehnen.“ Lulu ließ sich auf Ninas Bett fallen und sah an die Decke. „Was ist eigentlich mit diesem Herrn Wild?“, überlegte sie laut. „Er war das Opfer, ihm wurde das Geld gestohlen. Vielleicht kann er uns noch etwas Interessantes erzählen? Wo hatte er das Geld eigentlich aufbewahrt? Wer wusste davon?“
„Genau!“ Nina lief im Zimmer auf und ab. „Eine gute Frage! Wer wusste von dem Geld? Wusste auch Cornelis davon?“

Übung 32: Jetzt kommt eine besonders kniffelige Aufgabe! Welcher Bruch liegt genau in der Mitte von $\frac{5}{7}$ und $\frac{3}{7}$? Addiere Zähler und Nenner!

„Oh, Nina!“ Lulu seufzte. „Wir wollen einen Dieb fangen. Nur weil jemand gut aussieht, können wir ihn jetzt nicht sofort für unschuldig erklären. Das musst du doch einsehen!“

„Lulu!“, schrie Nina empört. „Hör auf!“
„Ja, ja, schon gut. Nur nicht aufregen!“ Lulu verkniff sich ein Lächeln und starrte weiter an die Decke. „Was hat Frau Hansig noch mal gesagt? Herr Wild ist jetzt Direktor? An welcher Schule noch mal?“
„Wiesengrund-Gymnasium“, brummelte Nina.
„Genau. Stimmt.“ Lulu rieb sich die Augen. „Da werde ich morgen einmal hinfahren und mich ein wenig umhören. Mal sehen, wie wir an diesen Herrn Direktor Wild rankommen. Da wird sich doch etwas machen lassen!“
Sie hörten laute Schritte im Flur, dann öffnete sich die Tür und Jim stürmte zu ihnen ins Zimmer hinein.
„Ausflug allein mit den Eltern! Was ist die Steigerung von absoluter, unendlicher Langeweile? Und Hannes hat sich auch gedrückt!“ Jim ließ sich auf den Schreibtischstuhl fallen und blickte erst Lulu, dann Nina an. „Aber jetzt zu dir. Wie war das Interview mit Cornelis? Hat es überhaupt stattgefunden oder hast du dich doch lieber still und heimlich verkrümelt?“
„Was denkst du von mir?“, fragte Nina entrüstet und erzählte noch einmal von dem Gespräch.
„Ich habe das Gefühl, wir befinden uns in einer Sackgasse“, bemerkte Jim, nachdem Nina geendet hatte.
„Ja, stimmt.“ Lulu grinste. „Es ist, als würde ich vor den Mathematikaufgaben von Herrn Oltenburg sitzen.“
„Aber du wirst doch immer besser!“, sagte Nina, wieder ganz die Pädagogin. „Beim letzten Matheunterricht hast du richtig gut mitgemacht! Das habe ich genau bemerkt.“
„Danke für das Lob, Frau Oberlehrerin!“ Lulu lächelte bescheiden. „Es bestätigt mich nur in meiner Lebensphilosophie: Immer am Ball bleiben! Das Gleiche gilt übrigens auch für unseren Fall. So schnell gebe ich nicht auf!“

Übung 33: Um Brüche zu addieren oder zu subtrahieren, muss man sie auf den gleichen Nenner bringen (d. h. gleichnamig machen!). Wie lautet der gleiche Nenner der folgenden drei Brüche?

$\frac{3}{7}, \frac{8}{11}, \frac{3}{4}$ ____________________

Lulu machte sich gleich am Montag auf den Weg zum Wiesengrund-Gymnasium. Der Zeitpunkt war günstig. Sie hatte die letzte Stunde frei und so konnte sie noch vor Schulschluss vor Ort sein. Während sie zu dem Gymnasium radelte, dachte sie noch einmal über die Erkenntnisse der letzten Tage nach.

Wenn Herr Scharte nicht der Dieb war, dann konnte es nur jemand aus dem Lehrerkollegium oder eben dieser Cornelis Löw gewesen sein. Auch wenn Nina zweifelte – für Lulu war und blieb Cornelis weiterhin der Hauptverdächtige. Doch wie konnte sie ihm seine Schuld nachweisen?

„Er muss gestehen“, überlegte Lulu. „Aber warum sollte er das tun?“

Sie brauchte noch mehr Beweise. Was sie bisher herausgefunden hatten, war anscheinend noch nicht genug. Vielleicht konnte Herr Wild ihnen weiterhelfen. Lulu trat noch fester in die Pedale.

„Cornelis Löw, dich kriegen wir schon!“, dachte sie.

Sie wusste zwar nicht genau, wie gut ihre Chancen standen, etwas am Wiesengrund-Gymnasium in Erfahrung zu bringen, aber einen Versuch war es wert. Durfte sie den Direktor einfach auf den mysteriösen Diebstahl ansprechen? Der Vorfall war ja schon einige Zeit her – doch bisher hatte die Geheimhaltung um den Diebstahl gut funktioniert. Lulu bezweifelte stark, dass sie noch einmal an eine so mitteilsame Plaudertasche wie Frau Hansig geraten würde. Direktoren ausquetschen gehörte nicht gerade zu den leichtesten Übungen, dessen war sich Lulu bewusst.

Sie stellte das Fahrrad vor der Schule ab und sah auf das Gebäude aus rotem Backstein. Bis vor Kurzem hatte sie vom Wiesengrund-Gymnasium noch nie etwas gehört, was insofern nicht allzu verwunderlich war, als dass es eine kleine Schule zu sein schien, die zudem am anderen Ende der Stadt lag. Das merkte Lulu auch an ihren Beinen, die nach der Fahrt schwer wie Blei waren. Sie schlenderte über den Vorderhof und setzte sich auf eine Bank unter einem Baum, ganz in der Nähe der Fahrradständer.

ÜBUNG 34 !

Übung 34: Nun können wir ja mal richtig losrechnen! Addiere Zähler und Nenner, um die Lösungszahl zu erhalten!

$$\left(\frac{7}{12} - \frac{2}{5}\right) + \left(\frac{6}{5} - \frac{3}{4}\right) - \frac{4}{30} =$$

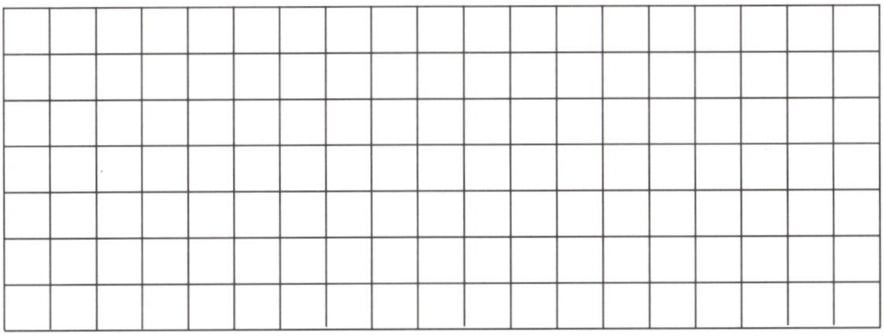

Nach dem Läuten der Schulglocke dauerte es nicht lange, bis eine Horde von Schülern aus dem Gebäude strömte. Lulu biss in ihr mitgebrachtes Butterbrot und sah dem Treiben seelenruhig zu. Manche Schüler stürmten sofort zu ihren Fahrrädern, andere gingen allein oder in Grüppchen ihres Weges, kleinere und größere Kreise von Schülern bildeten sich, die noch dies und das zu klären hatten, Verabredungen für den Tag trafen oder einfach noch ein wenig quatschen wollten.

Langsam leerte sich der Hof und Lulu beobachtete, wie sich ein Mädchen in ihrem Alter ganz in der Nähe ihrer Bank über ein Fahrrad beugte und an den Reifen herumdrückte.

„Witzig, witzig!“, sagte das Mädchen und sah sich ein wenig hilflos um.

„Reifen platt?“, fragte Lulu und näherte sich.

„Hmm“, antwortete das Mädchen und machte ein verärgertes Gesicht. „Kannst du mir erklären, was daran so lustig ist, jemandem die Luft aus den Reifen zu lassen?“

„Vielleicht ist der Reifen auch nicht mehr ganz dicht“, überlegte Lulu und betrachtete den verrosteten Rahmen und das verschlissene Radprofil des Fahrrads.

„Ein komischer Reifen, der immer nur in der Schule die Luft verliert.“ Das Mädchen musste wider Willen lachen. „Jedenfalls ist mir meine Pumpe schon vor zwei Wochen gestohlen worden.“

ÜBUNG 35 !

Übung 35: Der Fahrradhof ist ein rechteckiges Grundstück, das eingezäunt ist. Es ist $39\frac{3}{5}$ m lang und $27\frac{1}{4}$ m breit. Wie viele Meter Zaun werden benötigt, wenn für die Einfahrt $2\frac{3}{4}$ m frei bleiben sollen? Runde auf ganze Meter!

„Kein Problem, ich bin bestens ausgestattet!“ Lulu raste los, löste die Pumpe von ihrem Fahrrad und reichte sie dem Mädchen mit einem freundlichen Lächeln. Nach einer Weile hielt das Mädchen im Pumpen inne und blickte Lulu fragend an.

„Bist du auch auf unserer Schule? Ich habe dich noch nie hier gesehen.“

Lulu schüttelte den Kopf.

„Bin nur zufällig da. Ich warte auf jemanden. Aber wir hatten einmal einen Lehrer auf unserer Schule, den Herrn Wild, der ist doch jetzt hier Direktor?“

Das Mädchen stöhnte auf.

„Du sagst es! Ein echt harter Knochen!“

„Du meinst, so ein richtiger Pauker von altem Schrot und Korn?“

Das Mädchen lachte wieder.

„Wenn du es so ausdrücken möchtest … Wollt ihr ihn auf eurer Schule nicht vielleicht wieder zurückhaben? Ich würde ihn sicherlich nicht vermissen.“

„Kein Bedarf!“ Lulu hielt die Stange des Fahrrads fest, während sich das Mädchen nun am Vorderreifen zu schaffen machte.

„Unser Direktor ist echt klasse“, fuhr Lulu fort. „Aber sag’ mal, was ist das denn für ein Typ, dieser Herr Wild?“

ÜBUNG 36 !

Übung 36: Sicher weißt du auch, wie man Brüche multipliziert. Die Regel lautet „Zähler mal Zähler, Nenner mal Nenner“. Wende diese Regel bei den folgenden Aufgaben an. Addiere anschließend die drei Nenner!

1. $\frac{5}{7} \cdot \frac{9}{8} =$ ______________________________
2. $\frac{9}{8} \cdot 4 =$ ______________________________
3. $1\frac{3}{4} \cdot \frac{3}{11} =$ ______________________________

____

„Kann ich dir gar nicht so genau sagen“, antwortete das Mädchen und überlegte einen Moment. „Er gibt nicht besonders viel Unterricht. Er ist schließlich der Direx. Ich hatte ihn nur einmal in Vertretung. Jedenfalls ist er eigentlich Mathelehrer, Ende vierzig vielleicht, blonde Haare, Knubbelnase. Aber die Nase ist auch das einzig Knubbelige an ihm.“

„Du magst ihn wohl nicht besonders?“, fragte Lulu.

„Ach, der Wild, das ist so ein Elitemensch, weißt du.“

„Elitemensch?“, fragte Lulu. „Verstehe ich nicht.“

„Der nimmt dich nur wahr, wenn du etwas von seinem Kram verstehst. Die Mathe-Cracks auf unserer Schule, die kennt er alle mit Namen. Der Rest ist ihm vollkommen egal. So richtig abwertend kann der sein. Ich glaube, dem würde es reichen, wenn man sein Abitur nur in Mathe machen würde. Wenn du Mathe nicht verstehst, bist du eben nur ein kleines Licht neben den großen Mathe-Leuchten. So einer von der Sorte ist der Wild, verstehst du?“

„Hört sich wahnsinnig sympathisch an“, brummte Lulu.
„Du sagst es“, bestätigte das Mädchen. „Weißt du, was der gegründet hat?“
Sie gab Lulu die Pumpe zurück und strich sich das Haar aus dem Gesicht.
„Keine Ahnung!“ Lulu war jetzt wirklich gespannt.

ÜBUNG 37 !

Übung 37: Der Fahrradhof ist ein rechteckiges Grundstück, das eingezäunt ist. Es ist $39\frac{3}{5}$ m lang und $27\frac{1}{4}$ m breit. Was kostet es, den Fahrradhof zu pflastern, wenn ein Quadratmeter pauschal 45 € kostet?

„Einen Mathe-Club!“ Das Mädchen zog die Stirn kraus. „Da treffen sich alle, die Spaß an Mathe haben und sich in ihrer Freizeit mit mathematischen Problemen auseinandersetzen wollen.“
„Und da gehen Leute hin?“, fragte Lulu verblüfft.
„Komisch, nicht wahr?“ Das Mädchen kicherte. „Aber du wirst es nicht glauben, sogar meine beste Freundin ist in dem Club. Er ist so gut besucht, dass man eine Prüfung bestehen muss, um dort aufgenommen zu werden!“ Das Mädchen sah Lulu spöttisch an. „Wenn du also Interesse haben solltest, kannst du dich gern bewerben. Der Club ist schulübergreifend.“
„Kein Bedarf, danke. Mir reicht meine Nachhilfe!“ Lulu verdrehte die Augen und das Mädchen seufzte mitfühlend.

„Danke für die Pumpe!“, sagte es, als der Reifen wieder mit Luft gefüllt war, und schwang sich auf ihr Rad.
„Danke für die Auskunft!“, erwiderte Lulu.
Sie winkten sich kurz zu, dann fuhr das Mädchen los und ließ Lulu auf dem verwaisten Schulhof zurück. Auch Lulu ging zu ihrem Fahrrad. Sie fand, dass sie für heute genug in Erfahrung gebracht hatte.
„Jim und Nina“, dachte Lulu, „es wartet eine neue Aufgabe auf euch!“

Übung 38: Auch auf dich wartet eine neue Aufgabe. Mal schauen, ob Du sie schneller als Jim und Nina lösen kannst? $\frac{2}{5}$ der Fahrräder auf dem Fahrradhof sind Mädchenfahrräder. Davon haben $\frac{2}{4}$ die Farbe Rot. Welcher Bruchteil der Fahrräder sind rote Mädchenfahrräder? Addiere Zähler und Nenner!

„Das meinst du doch nicht im Ernst!“ Jim ließ seine Kinnlade nach unten fallen.
Nina, Jim und Lulu standen am Tag, nachdem Lulu das Wiesengrund-Gymnasium besucht hatte, zusammen auf ihrem Schulhof und besprachen das weitere Vorgehen.
„Das wird bestimmt lustig in diesem Club!“, tröstete Lulu ihre Freunde. „Ihr wisst doch: Eine mathematische Aufgabe kann manchmal genauso unterhaltsam sein wie ein Kreuzworträtsel.“

„Das aus deinem Munde? Das ist doch nicht von dir?“ Jim baute sich empört vor Lulu auf.

„Stimmt“, räumte Lulu ein, „der Spruch stammt von einem Mathematiker und stand auf der Homepage von Herrn Wild.“ Sie sah Nina und Jim eindringlich an. „Ich habe gestern nach meinem Besuch am Wiesengrund-Gymnasium noch ein wenig im Internet recherchiert. Diese Mathe-AG findet immer donnerstags statt und man kann jederzeit hinzustoßen. Ihr müsst nur diese dumme Aufnahmeprüfung bestehen, und ihr seid dabei!“

„Können wir nicht einfach mit Herrn Wild reden, ohne diesen seltsamen Club zu besuchen? Wozu der ganze Aufwand?“ Jim war noch nicht überzeugt. „Was meinst du dazu, Nina?“

„Ich finde die Idee gar nicht schlecht“, antwortete Nina beinahe ein wenig verlegen. Sie wollte nur ungern zugeben, dass sie die Aussicht, einen Mathe-Club zu besuchen, gar nicht so schlecht fand. Mathematik war immerhin eines ihrer Lieblingsfächer, neben Deutsch, Musik, Erdkunde, Sport und …

„Da hörst du es!“, sagte Lulu und unterbrach damit Ninas Gedanken. „Wenn dieser Herr Wild tatsächlich einen Narren an kleinen Mathe-Genies, wie ihr es seid, gefressen hat, dann werden wir wohl am meisten aus ihm herausbekommen, wenn wir sein Vertrauen gewinnen. Ich würde natürlich auch sofort mit euch dort hingehen, aber ihr wisst ja, dass meine Gehirnkapazitäten leider beschränkt sind – jedenfalls was die Mathematik angeht.“

„Du hast nur keine Lust, das ist es wohl eher!“, warf Nina ein.

„Mir graut vor diesem Eignungstest“, murmelte Jim. „Was da wohl abgefragt wird?“

„Seit der Zeit der Griechen bedeutet ‚Mathematik‘ zu sagen, ‚Beweis‘ zu sagen“, meinte Lulu. „Wieder so ein Zitat von seiner Homepage. Vielleicht solltet ihr euch in dieser Richtung ein wenig vorbereiten.“

„Nicht ihr! Wir!“ Nina stemmte die Hände in die Hüften. „Wenn du schon nicht mit zu dieser Aufnahmeprüfung gehst, musst du zumindest mit uns lernen.“

„Genau!“, rief Jim und schlug Lulu freundschaftlich auf die Schulter. „Du musst uns bei der Vorbereitung für diesen Test natürlich tatkräftig unterstützen. Schließlich bist du die Chefin!“

Übung 39: Die erste Aufgabe für die Aufnahme in die Mathe-AG von Herrn Wild ist gar nicht so einfach: Jedes Super-Mathe-Genie erhält eine Schleife aus einem 5m langen Band, das blau, rot und grün gefärbt ist. $1\frac{1}{4}$ m ist blau gefärbt, $\frac{2}{3}$ des Restes sind rot. Wie viele Zentimeter sind grün gefärbt? Du musst erneut Zähler und Nenner addieren!

Bis Donnerstag büffelten die Wühlmäuse fleißig. Lulu träumte sogar in der Nacht von Formeln, Zahlen und Kurven. Wie sie feststellte, waren es erstaunlicherweise keine Albträume.

„Vielleicht werde ich doch noch ein Mathematik-Fuchs“, dachte sie und war beinahe ein bisschen stolz auf sich. Trotzdem war sie natürlich froh, dass sie nicht selbst zu dieser Mathe-AG gehen musste. So weit ging ihre Begeisterung für die Mathematik dann doch nicht.

Am Donnerstag war Jim den ganzen Tag in der Schule recht wortkarg und sogar Nina zeigte eine Spur von Nervosität.

„Ich verstehe gar nicht, wovor ihr Angst habt“, sagte Lulu. „Ihr seid doch super in Mathematik. Diese Prüfung macht ihr bestimmt mit links.“

„Du hast gut reden!“ Nina stöhnte. „Was ist, wenn wir uns total blamieren?“

„Genau!“ Jim schluckte schwer. „Höchstwahrscheinlich wird das alles voll peinlich.“

Lulu versuchte so gut es ging, ihre Freunde aufzumuntern.

„Ich bin mir sicher, dass ihr es schafft!“, meinte sie.

Sie machte sich tatsächlich nicht allzu große Sorgen, dass ihre Freunde bei dieser Aufnahmeprüfung versagen könnten. Schließlich war Nina die beste Schülerin in der Klasse und Jim zeigte vor allem in Mathematik besonders großen Eifer, der sich für gewöhnlich mit sehr guten Noten bezahlt machte.

Sie begleitete ihre Freunde noch bis zu ihren Fahrrädern und wünschte den beiden dann viel Glück.

ÜBUNG 40 !

Übung 40: Als Tipp gibt Lulu den beiden einen guten Rat mit, den sie sich vom Vortag beim gemeinsamen Lernen gemerkt hat. „Anstelle der Division darfst du mit dem Kehrwert multiplizieren.“ Kannst Du folgende Aufgaben mit dieser Hilfe lösen? Addiere die Nenner!

1. $\frac{4}{7} : \frac{2}{11} =$ ______________________________
2. $\frac{14}{27} : \frac{35}{63} =$ ______________________________
3. $6\frac{6}{7} : 9\frac{3}{14} =$ ______________________________

____

____

„Ihr werdet es diesem Herrn Wild schon zeigen! Ihr seid die Besten!“, rief sie voller Kampfgeist und beobachtete überrascht, wie Nina bei ihren Worten heftig errötete.

„He, Nina, was ist denn …?“

Aber Nina beachtete sie gar nicht. Lulu folgte ihrem Blick. An der Treppe, die hinunter zu ihrem Schulhof führte, stand ein Junge, etwa sechzehn Jahre alt. Die Daumen hatte er lässig in seiner Hosentasche eingehakt. Unter einer kleinen wollenen Mütze kam ein wildes Büschel Haare zum Vorschein, das sein linkes Auge fast verdeckte.

Lulu erkannte ihn sofort.

„Da ist ja Cornelis!“, rief sie und zeigte mit ausgestrecktem Arm auf den Jungen, der jetzt zu ihnen hinübersah und dann langsam auf sie zuschlenderte.

„Was will der denn hier?“, staunte Jim.

„Hi!“, sagte Cornelis.

„Hi!“, erwiderten die Wühlmäuse gleichzeitig.

„Nina, kann ich mal kurz mit dir sprechen?“, fragte Cornelis.

Nina wurde noch eine Spur röter und nickte stumm.

„Jim und ich sind eingeweiht, du kannst ganz offen sprechen“, erklärte Lulu. „Es geht doch um Herrn Scharte?“

Cornelis sah Lulu misstrauisch an und sie erwiderte seinen Blick.

„Was ist los?“, fragte sie schließlich ungehalten. „Hat es dir die Sprache verschlagen?“

Übung 41: Berechne den Werte des folgenden Doppelbruchs! Addiere Zähler und Nenner!

$$\frac{1-\frac{1}{4}}{1+\frac{1}{4}} = \underline{\hspace{10cm}}$$

ÜBUNG 41 !

„Ich glaube, ich will das lieber mit Nina allein besprechen.“ Cornelis blickte hinüber zu Nina, die jedoch eingehend ihre Schuhspitzen betrachtete.
„Nina hat jetzt keine Zeit“, sagte Lulu gereizt. „Sie hat einen wichtigen Termin. Oder, Nina?“
Nina zupfte sich nervös am Ohr.
„Ach, egal, dann werde ich die Sache eben allein klären.“ Cornelis wollte schon wieder gehen, doch Lulu packte ihn an der Schulter.
„Also: Raus mit der Sprache! Was ist los?“
„Ich habe noch einmal über alles nachgedacht, was Nina mir nach dem Spiel erzählt hat“, sagte Cornelis langsam. „Und nun habe ich es begriffen.“
Die Wühlmäuse sahen Cornelis gespannt an.
„Georg hält mich für einen Dieb!“, stieß der Junge hervor.
„Nicht nur Georg“, dachte Lulu, dann fragte sie:
„Wer ist Georg?“
„Na, Georg Scharte natürlich!“, rief Cornelis. Er riss sich seine Mütze vom Kopf und zerknüllte sie zwischen seinen Händen. „Soll ich euch erzählen, wie der Tag damals abgelaufen ist?“
Die Wühlmäuse traten sofort einen Schritt näher.
„Georg und ich kennen uns gut, müsst ihr wissen. Er ist der Lebensgefährte meiner Patentante Inga, die so etwas wie meine Ersatzmutter ist. Zu der Zeit war ich viel bei Inga zu Besuch, weil meine Mutter oft im Krankenhaus lag und mein Vater entweder arbeiten war oder meine Mutter besuchte. Daher war ich oft bei Inga und hatte deshalb auch ziemlich viel mit Georg zu tun.“ Cornelis sah auf den Boden und überlegte eine Weile. „Na ja, egal. Georg ist, wie ihr vielleicht selbst schon bemerkt habt, wie soll ich es ausdrücken, ja, ein wenig schusselig. Jedenfalls habe ich das damals ausgenutzt. Wenn ich die Möglichkeit hatte, kopierte ich

die Klassenarbeit, die er zu Hause vorbereitet hatte, und verkaufte sie an die Schüler, die an den Arbeiten Interesse hatten. Ein recht einträgliches Geschäft. Leider hatte sich damals schon lange nicht mehr die Möglichkeit ergeben, anstehende Klassenarbeiten zu entwenden, und ich war vollkommen blank. An jenem Tag gingen wir gemeinsam zur Schule und ich versuchte, Georg um Geld anzupumpen. Ich habe gebeten und gebettelt, aber er ließ sich nicht erweichen. Ich war damals ganz schön egoistisch und wurde echt sauer auf Georg, weil er mir das Geld nicht geben wollte."
Cornelis schloss für einen Moment die Augen.

Übung 42: Vor ihrer Schule ist eine $84\frac{1}{2}$ *m lange Straße. Diese soll zu beiden Seiten mit Bäumen bepflanzt werden. Wie viele Bäume werden benötigt, wenn jeder Baum eine kreisförmige Bodenfläche von* $3\frac{1}{4}$ *m Radius benötigt? Bereits am Beginn der Straße wird der erste Baum gepflanzt.*

„Gut. Wir waren recht spät unterwegs, denn wir hatten beide die ersten beiden Stunden frei. Ich blieb Georg auf den Fersen. Ich ließ mich nicht abwimmeln! Als er mit mir ins Sekretariat trat, holte er eine Diskette heraus und bat Frau Hansig, eine Arbeit für den nächsten Tag auszudrucken, da sein Drucker kaputt war. Prompt vergaß er in dem ganzen Durcheinander seine Tasche im Sekretariat. Ich bemerkte das natürlich sofort, sagte aber nichts und ließ ihn erst einmal abrauschen. Dann stellte ich mich ganz freundlich und bot mich an, ihm die Tasche zu bringen. Frau Hansig ging darauf ein, wollte mir aber leider nicht die Arbeit und die Diskette aushändigen. Da habe ich einfach ein wenig gewartet, ließ die anstehende Musikstunde ausfallen und schlich mich dann mit Georgs Schlüssel, der sich in der Tasche befand, ins Lehrerzimmer. Alles lief bestens – kein Lehrer weit und breit. Außerdem hatte ich eine Ausrede parat, falls doch einer auftauchen sollte. Immerhin hatte ich ja die Tasche von Georg. Ich hätte sagen können, dass ich ihm die Tasche nur an seinen Platz stellen wollte. Als ich mich in das Lehrerzimmer schlich, ging ich auch sofort zu seinem Fach. Leider war es leer. Pech gehabt! Frau Hansig hatte anscheinend noch keine Zeit gefunden, die Diskette und die ausgedruckte Arbeit im Lehrerzimmer abzuliefern."

„Und dann hast du einfach das Geld von Herrn Wild mitgenommen, damit sich die Aktion wenigstens gelohnt hat", sagte Lulu kühl.

ÜBUNG 43 !

Übung 43: Noch eine Aufgabe für Superdetektive! Addiere Zähler und Nenner!

$$\frac{\frac{15}{28} : \frac{75}{84} - \frac{11}{16} \cdot \frac{48}{121}}{\frac{21}{55} \cdot \frac{121}{315} + \frac{35}{36} : \frac{75}{72}} =$$

„Nein!“, rief Cornelis. „Eben nicht! Ich hatte doch gar keine Ahnung von dem verdammten Geld!“
„Und hat dich Herr Scharte überhaupt nicht auf den Vorfall angesprochen?“, fragte Lulu argwöhnisch.
„Er fragte mich nur, ob ich es war, der seine Tasche ins Lehrerzimmer gestellt hätte. Darüber habe ich mich noch gewundert! Drei Mal fragte er mich das. Und ob ich ihm nicht die Wahrheit erzählen wollte. Ich dachte, er wolle darauf hinaus, dass ich geschwänzt habe! Tatsächlich hatte ich seine blöde Tasche in meiner Aufregung im Lehrerzimmer vergessen. Also erzählte ich ihm, ich hätte sie noch vor dem Ende der Pause ins Lehrerzimmer gebracht. Richtig sauer bin ich geworden! Seine blöde Nachfragerei hat mich echt genervt! Schließlich hatte mein Ausflug ins Lehrerzimmer überhaupt nichts gebracht! Aber jetzt ist mir alles klar. Er denkt die ganze Zeit, dass ich der Dieb war! Ich hatte seinen Schlüssel! Ich habe ihn benutzt!“ Cornelis seufzte. „Es tut mir alles so leid!“
„Warum informierte er nicht das Lehrerkollegium über seinen Verdacht? Herr Scharte wurde schließlich sogar vom Direktor angerufen. Der sagte ihm, dass sein Schlüssel in der möglichen Zeit des Diebstahls benutzt wurde. Er wusste, dass du es gewesen sein musstest. Warum hat er dann die Schuld auf sich genommen?“, fragte Jim verblüfft.
„Ich habe keine Ahnung!“ Cornelis schluckte schwer. „Meine Mutter … ihre Krankheit … ich hatte eine Menge Ärger in der Schule … vielleicht hatte er Angst um mich. War echt eine krasse Zeit damals. Ich war komplett schräg drauf. Wenn ich wirklich von der Schule geflogen oder sogar vor das Jugendgericht gekommen wäre … keine Ahnung, was ich dann gemacht hätte. Und meine Mutter! Sie war so krank … Ich kann mir gut vorstellen, dass er sie schützen wollte – und mich. Auch wenn ich das gar nicht verdient hätte, wenn ich wirklich der Täter gewesen wäre.“

Übung 44: Nina kann nach dem Fußballtraining immer zum Duschen ins Hallenbad. Wenn sie ins Becken geht, befinden sich $\frac{5}{8}$ *ihrer Körperlänge im Wasser. Von der restlichen Länge ragt* $\frac{1}{3}$ *über den Schwimmbadrand hinaus. Der Abstand zwischen der Wasseroberfläche und dem Schwimmbadrand beträgt 40 cm. Wie groß ist Nina?*

„Geht es deiner Mutter denn jetzt besser?“, fragte Nina. Cornelis lächelte.

„Danke der Nachfrage! Ja, glücklicherweise.“

Auch Nina lächelte.

„Aber wenn du es tatsächlich nicht gewesen bist, wer war es dann?“ Lulu strich sich nachdenklich über das Kinn.

„Auch darüber habe ich nachgedacht!“ Cornelis Augen blitzten vor Aufregung. „Ich habe da einen Verdacht!“

„Ach ja?“ Lulu machte ein skeptisches Gesicht.

„Ja!“ Cornelis schrie beinahe und Lulu machte eine beschwichtigende Handbewegung. „Also“, fuhr Cornelis etwas ruhiger fort. „Ihr werdet es vielleicht nicht glauben, aber Georg bekam genau zu jener Zeit einen Haufen Liebesbriefe.“

„Was?!“ Nun war es Lulu, die beinahe schrie. „Herr Scharte? Liebesbriefe?“

„Es kommt noch besser! Die Liebesbriefe stammten von einer Schülerin, so viel war dem Inhalt zu entnehmen. Sie überschüttete ihn mit Gedichten und gepressten Rosenblättern. Georg wusste überhaupt nicht mehr, was er machen sollte!"
„Ehrlich?" Jim lachte.
Auch Lulu und Nina mussten grinsen. Der Gedanke, dass der etwas verschrobene Herr Scharte eine heimliche Verehrerin hatte, erschien den dreien vollkommen absurd.
„Vor allem wusste Georg nicht, wer ihm diese Briefe überhaupt sandte. Sie steckten immer in rosa Umschlägen ohne Absender und Poststempel und lagen in seinem Briefkasten … Ich fand das damals sehr witzig. Ich habe die Briefe einmal heimlich gelesen. Bei meiner Suche nach den Klassenarbeiten in seinem Arbeitszimmer bin ich irgendwann auf sie gestoßen."
„Also könnte es seine Verehrerin gewesen sein? Als Rache für eine unerwiderte Liebe?", stellte Lulu aufgeregt fest.

Übung 45: Ein weiterer Tipp: Zwei Dezimalzahlen werden miteinander multipliziert, indem man die Faktoren zunächst ohne Rücksicht auf das Komma multipliziert. Das Komma wird dann so gesetzt, dass das Ergebnis so viele Nachkommastellen hat wie beide Faktoren zusammen. Runde die Summe der Ergebnisse auf eine ganze Zahl!

1. 7,6 · 1,3 = ______________________________
2. 8,56 · 2,6 = ______________________________
3. 34,65 · 0,71 = ______________________________

____

„Warte! Die Geschichte geht noch weiter! Eines Tages entdeckte ich einen Drohbrief! Er enthielt nur ein paar Sätze. Sie waren so in der Art: ‚Ich weiß von dir und meiner Freundin. Lass sie in Ruhe oder ich mache dich fertig!‘ Der Absender nannte auch den Namen seiner Freundin, aber an den kann ich mich nicht mehr richtig erinnern. Irgendetwas mit ‚M‘. Marina oder Mariella oder Melitta … Der Brief war jedenfalls mit ‚R‘ unterzeichnet.“ Cornelis verstummte.

„Du meinst, dass vielleicht R., der Freund von der mysteriösen M., Herrn Scharte eine Falle gestellt haben könnte? Ihm einen Diebstahl in die Schuhe schieben wollte, damit er von der Schule gehen muss, um seinen Rivalen loszuwerden?“

„Genau!“ Cornelis sah triumphierend in die Runde. „Jedenfalls war dies der letzte Brief. Danach kamen keine Liebesbriefe mehr und bald darauf ging Georg von der Schule – freiwillig, wie ich dachte.“

„Eine neue Spur!“ Lulu nickte anerkennend. „Als Nächstes müssen wir an den Brief rankommen, um den Namen des Mädchens

herauszufinden. Wenn sie wirklich auf unserer Schule war oder ist, dann sollten wir auch ihren Freund aufspüren können, oder nicht?"
„Kein Problem!", rief Cornelis. „Ich weiß, wie wir unbemerkt in Georgs Haus kommen. Wir müssen nur noch losfahren!"

Übung 46: Wäre Cornelis mit dem Mofa unterwegs, müsste er Benzin zu einem Literpreis von 1,25 € tanken. Wie viel muss er für 35,8 l bezahlen?

Cornelis war bei diesen Worten schon losgestürmt und eilte zu seinem Fahrrad.
„Was meint ihr?", fragte Lulu ihre Freunde.
„Nichts wie hin zu Herrn Scharte!" Jim klatschte in die Hände.
„Nun mal langsam!", meinte Lulu. „Hast du nicht etwas vergessen? Ihr habt doch eine Verabredung mit Herrn Wild."
„Da müssen wir doch jetzt nicht mehr hin!", rief Jim entrüstet.
Lulu überlegte kurz. Dann sagte sie energisch: „Oh doch! Wenigstens einer von uns muss dort vorbeischauen! Selbst wenn wir den Täter finden sollten, der Herrn Scharte reingelegt hat, so brauchen wir Beweise. Beweise sind das A und O in einem Kriminalfall. Schon mal was davon gehört? Also, Jim, du gehst in diesen Mathe-Club und versuchst, Herrn Wild zu beeindrucken und sein Vertrauen zu gewinnen. Wir werden ihn als Geschädigten auf jeden Fall noch brauchen!"

Jim murrte, doch er ließ sich überzeugen. Nina hatte Kontakt zu Cornelis aufgenommen, also durfte sie ihn auch begleiten, so viel war klar. Missmutig setzte sich Jim auf sein Fahrrad und rauschte ohne ein Wort des Abschieds davon.

„Er wird es überleben – ist schließlich nur Mathematik“, sagte Lulu. Sie hörte sich nicht sehr überzeugt an.

Dann gingen auch Nina und Lulu zu ihren Rädern und machten sich zusammen mit Cornelis auf den Weg zu Herrn Schartes Haus.

ÜBUNG 47 !

Übung 47: Cornelis würde gern mit Nina ins Kino gehen. Wie oft kann er sie ins Kino einladen, wenn er für beide pro Kinobesuch 5,75 € bezahlen muss und noch 51,75 € Taschengeld übrig hat?

„Glück gehabt, er scheint nicht zu Hause zu sein. Sein Wagen steht jedenfalls nicht vor der Tür.“ Cornelis stellte sein Fahrrad hinter der Hecke des Nachbarhauses ab. Lulu und Nina taten es ihm gleich.

„Also, passt auf: Einer von euch beiden muss Wache stehen, damit wir ungestört bleiben.“ Cornelis beugte sich hinter der Hecke hervor und lugte hinüber zum Haus.

Nina und Lulu sahen sich an.

„Darf *ich* vielleicht mitgehen?“, fragte Nina leise.

Lulu war überrascht, dass ihre Freundin so mutig war. Heimlich in das Haus ihres Nachhilfelehrers einzusteigen – das hätte sie Nina gar nicht zugetraut. Doch als sie hinüber zu Cornelis sah, der seinerseits nun Nina anstarrte, wurde ihr einiges klar.

„Na gut, ich kann euch Turteltäubchen wohl kaum auseinanderreißen, oder?"
Nina trat Lulu auf den Fuß und Lulu quiekte.
„Und was soll ich tun, wenn Herr Scharte wirklich kommen sollte?", fragte sie die beiden Einbrecher plötzlich ernsthaft.
„Keine Ahnung." Cornelis überlegte. „Am besten wäre es, ihn aufzuhalten, oder? Wenn er kommt, dann rede mit ihm und klingle mit deiner Fahrradklingel. Das Arbeitszimmer geht nach vorn raus, wir werden sie schon hören."
„Mit ihm reden und dabei klingeln – wenn es wirklich dazu kommen sollte, wird Herr Scharte mich für vollkommen verrückt halten. Ein grandioser Plan!", sagte Lulu höhnisch. „Schön wäre allerdings, wenn ihr einfach schnell wieder hier seid, bevor uns Herr Scharte in die Quere kommt."

Übung 48: Lulu steht mit dem Fahrrad Schmiere. Etwas schneller als das Rad ist ein Intercity. Er legt in einer Sekunde 51,27 m zurück. Wie lange braucht er für eine Strecke von 12.817,5 m?

ÜBUNG 48 !

Cornelis ließ sich nicht lange bitten, huschte den Gehweg entlang, nahm einen kurzen Anlauf und sprang über den kleinen Gartenzaun. Dann half er auch Nina hinüber. Sie sahen kurz nach links und rechts, dann verschwanden sie an der rechten Seite des Hau-

ses. Cornelis hatte ihnen auf dem Weg erzählt, dass Herr Scharte für gewöhnlich sein Kellerfenster nur angelehnt ließ. Er hatte wohl schon mehrere Male in seiner Schusseligkeit den Schlüssel vergessen und hielt sich auf diese Weise immer eine Einstiegsmöglichkeit offen, was Nina absolut unverantwortlich fand. Doch für ihre Zwecke war diese Unvernunft natürlich nur von Vorteil.
Lulu blickte angespannt die Straße hinunter. Es war eine Einbahnstraße. Herr Scharte konnte mit seinem Auto also nur von links kommen, daher musste sie nur diese Seite im Auge behalten. Als ein Mann zu Fuß um die Ecke bog und ihr entgegenkam, zuckte sie kurz zusammen. Es war nicht Herr Scharte, wie sie schnell bemerkte, glücklicherweise. Der Mann kam langsam auf sie zu und je näher er kam, umso aufmerksamer betrachtete er Lulu.
„Sicher, ich stehe hier auch vollkommen sinnlos herum", dachte Lulu und sah so unschuldig drein, wie es ihr nur möglich war.
Als der Mann an ihr vorbeigegangen war, holte sie ihr Fahrrad und stellte es an der Ecke zum Garten von Herrn Scharte ab. Dann bückte sie sich und betastete den Reifen, als hätte sie einen Platten. Die Luftpumpe legte sie neben sich, damit es noch überzeugender aussah. Dabei schielte sie so lange die Straße hinunter, bis sie schon meinte, sie würde einen Krampf in ihren Pupillen bekommen. Hinter ihr waren Schritte zu hören – das Geräusch von Damenschuhen, wie Lulu erriet. Als die Frau hinter ihr vorbeiging, verlangsamten sich ihre Schritte, um dann wieder energisch fortzuschreiten. Lulu sah der Frau erleichtert hinterher. Als diese jedoch an der Gartentür stehen blieb und das kleine Tor aufschloss, hätte Lulu vor Schreck beinahe aufgeschrien. Das konnte nur Inga sein, die Lebensgefährtin von Herrn Scharte! An die hatten sie natürlich keine Sekunde gedacht! Was waren sie nur für Anfänger!
Bevor Lulu sich von ihrem Schrecken erholt hatte, war Inga schon auf dem Weg zur Haustür und sperrte in aller Seelenruhe auf. Lulu

sprang zu ihrer Fahrradklingel und klingelte zweimal kräftig, worauf sich Inga kurz zu ihr umblickte.

Übung 49: Als Lulu wartet, wird es ihr langweilig – es dauert sehr lange! Auch einem Bruch „kann es sehr lang werden“, manchmal sogar unendlich lang. Er wird dann zu einem periodischen Dezimalbruch. Wandle den folgenden Bruch in einen periodischen Dezimalbruch um und addiere die Zahlen der Periode!

$\frac{5}{7}$ = ____

____

„Äh, warten Sie!“, rief Lulu und rannte hinter ihr her zur Gartentür. Inga drehte sich nun ganz zu Lulu um und kam zurück zur Gartenpforte.
„Hier wohnt doch Herr Scharte, nicht wahr?“, fragte Lulu und setzte ihr freundlichstes Lächeln auf.
„Ja, das stimmt“, sagte Inga. „Ich bin seine Lebensgefährtin, Inga Engel. Kann ich Ihnen helfen?“
„Sie können mich gern duzen“, antwortete Lulu und schaute kurz an Inga vorbei. Die Tür, die Inga Engel offen stehen lassen hatte, war durch den Wind so weit geöffnet worden, dass sie einen Einblick in den Hausflur gewährte, der allerdings tief im Schatten lag. Hatte Lulu nicht gerade Cornelis vorbeihuschen gesehen?
„Ja, wissen Sie, mein Fahrrad hat einen platten Reifen und Herr Scharte ist mein Nachhilfelehrer. Da mir das Unglück direkt vor seiner Haustür passiert ist, dachte ich, ich könnte ihn vielleicht um Flicksachen bitten? Ich habe schon einmal geklingelt, aber er war nicht da. Ob sie für mich nachschauen könnten, ob er so etwas besitzt? Das würde mir sehr helfen.“ Lulu schlug bittend ihre Hän-

de zusammen und schielte wieder an Inga Engel vorbei in den Hausflur. Beinahe blieb ihr das Herz stehen, als plötzlich Cornelis in der Tür stand, hinter ihm Nina. Hektisch sah Cornelis sich um. Überlegte er etwa, sich hinter Ingas Rücken mit Nina im Garten zu verstecken? Inga Engel konnte sich doch jede Sekunde umdrehen!
„Ich schaue mal eben nach", sagte Inga, doch da packte Lulu sie an den Händen und schüttelte sie. Gleichzeitig ruckte sie mit ihrem Kopf, um den beiden zu bedeuten, so schnell wie möglich wieder zu verschwinden.
„Das wäre so freundlich von Ihnen! Wo ich doch so weit weg wohne und meine Eltern sich sicherlich schon Sorgen machen!"
Lulu beobachtete, wie Cornelis und Nina wieder im Dunkeln des Flurs verschwanden.
„Ist ja schon gut!", sagte Inga Engel abwehrend und befreite sich aus Lulus Klammergriff. „Du musst mich aber kurz nachschauen lassen, sonst kommen wir nicht weiter."
„Richtig, Sie haben so recht! Ich bin aufdringlich …", murmelte Lulu entschuldigend und hasste sich selbst in ihrer Rolle als junge Psychopathin.
Inga sah Lulu an, dann sagte sie: „Würde es dir etwas ausmachen, hier draußen zu warten?"
„Aber nein, nein! Gern warte ich hier, aber sicher, mit dem größten Vergnügen!", rief Lulu, so viele Worte gebrauchend, wie sie nur für eine Zustimmung kannte.

ÜBUNG 50 !

Übung 50: Etwas aus der Physik: Licht legt in einer Sekunde ungefähr 300.000 km zurück. Während der Apollomissionen wurde ein besonderer Spiegel auf der Mondoberfläche zurückgelassen. Schickt man ein Lichtsignal von der Erde los, so kommt es nach 2,563 s wieder zur Erde zurück. Wie weit ist der Mond ungefähr von der Erde entfernt?

„Nina und Cornelis, jetzt kann ich euch auch nicht mehr helfen“, dachte Lulu, als sich Inga Engel von ihr befreit hatte und ins Haus ging.
Lulus Atem ging vor Aufregung schnell und pfeifend. Sie starrte auf das kleine Haus, als hätte sie Röntgenaugen und könnte durch die Wände hindurchschauen.
Kurze Zeit herrschte Stille. Doch plötzlich hörte Lulu einen kurzen, gellenden Schrei. Nina. Ihre Stimme hatte nahe geklungen, also waren sie schon draußen. Aber mit Sicherheit hatte auch Inga Engel den Schrei gehört. Lulu sprang zu ihrem Fahrrad, zerrte es an die kleine Pforte und ließ es zu Boden fallen. Schon öffnete sich die Tür und Frau Engel kam heraus. Besorgt und sichtlich aufgelöst sah sie zu Lulu hinüber.
„Was ist denn los? Hast du so geschrien?“
„Ich habe mein Fahrrad schon einmal hergebracht“, stieß Lulu hervor. „Da ist es mir auf den Fuß gefallen. Verzeihen Sie, wenn ich sie erschreckt habe. Ist nicht weiter schlimm.“
Inga Engel schüttelte beinahe unmerklich den Kopf und sah sich im Garten um. Die Situation kam ihr eindeutig merkwürdig vor.
„Hier oben ist nichts“, antwortete sie. „Du musst noch einen Moment warten, wahrscheinlich ist das Flickzeug im Keller.“
„Oh, im Keller!“, rief Lulu laut zurück, damit Cornelis und Nina es auch wirklich hörten. „Wie schön! Kein Problem! Im Keller, sagten Sie?“
Inga Engel schloss ohne eine Antwort die Haustür hinter sich.

„Die denkt doch, dass ich gleich mit einem Beil hinter ihr stehe", dachte Lulu bekümmert. „Die Arme muss glauben, dass ich vollständig den Verstand verloren habe!"

Dann beobachtete sie, wie die beiden Einbrecher an der Hauswand erschienen. Lulu winkte ihnen ungeduldig zu und Cornelis rannte durch den kleinen Vorgarten zu ihr hinüber, während Nina wie ein Hase hinter ihm herhoppelte.

„Mein Fuß!", stöhnte sie.

„Raus, raus!", flüsterte Lulu. Cornelis und Nina drängten sich an ihr vorbei durch das schmale Tor und waren auch schon im nächsten Moment hinter der Hecke des Nachbarhauses verschwunden. Lulu atmete auf.

„Vielen lieben Dank", sagte sie, als Inga Engel mit einem kleinen Kästchen auf sie zukam und es ihr mit einem skeptischen Blick auf das Fahrrad reichte. „Sie müssen mir aber wirklich nicht helfen", fügte Lulu schnell hinzu, als sie merkte, dass die Frau zögerte. „Das bekomme ich jetzt allein hin. Ich habe das Loch bereits gesichtet. Das Flickzeug kann ich Herrn Scharte ja in der nächsten Nachhilfestunde wiedergeben."

Inga Engel nickte erleichtert und verabschiedete sich schnell. Als sie die Haustür hinter sich geschlossen hatte, packte Lulu ihr Fahrrad und schob es hinter die Hecke.

„Oh Mann, ich dachte, ich muss sterben!", flüsterte Lulu, als sie bei Cornelis und Nina angelangt war, die mit blassen Gesichtern hinter der Hecke auf sie warteten.

„Wir sind ins Wohnzimmer und von da aus durch das Fenster in den Garten. Nina hat sich beim Sprung den Knöchel verstaucht", sagte Cornelis und Nina gab zur Bestätigung einen kleinen Schmerzenslaut von sich.

„Wart ihr wenigstens erfolgreich?", fragte Lulu und kniete sich nieder, um Ninas Fuß in Augenschein zu nehmen.

„Voll ins Schwarze getroffen!“, sagte Cornelis stolz. „Die Briefe lagen alle noch in der Kommode, auch der Drohbrief. Georg hat anscheinend in der Zwischenzeit schon selbst recherchiert, wer ihn da so übel bedroht hat. Auf der Rückseite des Briefes sind ordentlich ein Name und eine Adresse notiert. Wir haben den Zettel auch gleich mitgenommen.“

„Zeig her!“ Lulu streckte gebieterisch den Arm aus und Cornelis händigte sein Beutestück bereitwillig aus.

„Robert Weller“, las Lulu, „Albert-Einstein-Straße 12.“

Mit einem Siegerlächeln sah sie in die kleine Runde. „Wollen wir es durchziehen?“

„Logisch!“, rief Cornelis, der inzwischen wieder ein wenig Gesichtsfarbe angenommen hatte. Nina lächelte nur gequält, aber nickte dann tapfer.

Übung 51: Super! Du hast schon 50 Aufgaben gelöst! Gratulation! Nina und Cornelis fanden die Briefe in einer Schachtel. Diese hat eine Länge von 12 cm, eine Breite von 40 mm und eine Höhe von 0,9 dm. Berechne das Volumen!

Die Albert-Einstein-Straße lag am Rande des Gewerbegebiets Süd und Nina, Cornelis und Lulu waren etwas erschöpft, als sie endlich ihr Ziel erreicht hatten. Inzwischen war es Spätnachmittag. Ein frischer Wind fegte durch die jungen Zweige und Lulu schloss ihre Jacke fester um ihren Hals.

„Da sind wir also“, sagte sie und blickte auf ein graues Haus, das etwas zurückgesetzt von der Straße stand. In dem Hof waren einige Parkplätze eingezeichnet, die allerdings leer standen. Nur hinten an der Mauer stand ein verbeulter Citroën mit großen Rostflecken.

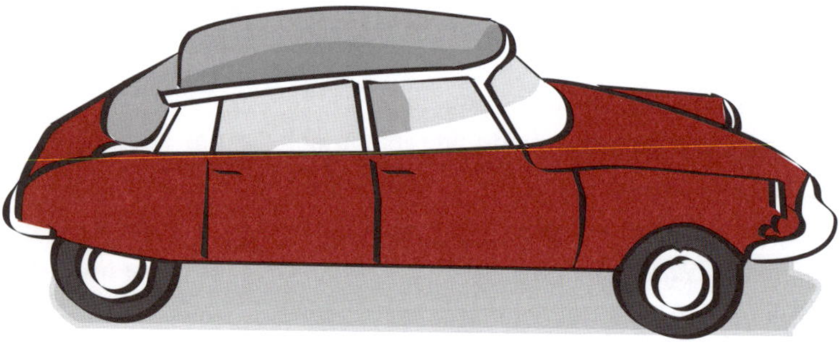

„Sieht aus, als wäre hier eine Mechaniker-Werkstatt“, meinte Nina.
„Sieht nicht nur so aus.“ Cornelis deutete auf das Schild, das am Ende des Hofs angebracht war.
„Weller Automobile, Reparaturen französischer Pkws“, las Lulu.
„Scheinen nicht oft kaputtzugehen, diese französischen Autos.“
Sie sah sich auf dem verlassenen Gelände um.
„Es ist jedenfalls niemand hier“, bemerkte Cornelis und drückte kurz entschlossen auf die Klingel an dem Haus.
Nichts rührte sich. Lulu ging quer über den Hof und rüttelte an einer der Flügeltüren der Garage am Ende des Hofes.
„Offen!“, rief sie triumphierend.

Nina und Cornelis folgten ihr zögernd.
„Eine Frage, Lulu.“ Nina blieb vor der Tür stehen. „Was willst du hier eigentlich? Du kannst doch nicht einfach in eine Werkstatt einbrechen. Wir wissen gar nicht, wonach wir suchen sollen.“
„Was heißt denn hier einbrechen?“ Lulu schüttelte den Kopf. „Die Tür war offen! Nun stellt euch doch nicht so an. Ich will mich doch nur kurz umsehen. Dieser Robert jedenfalls scheint nicht da zu sein, da können wir genauso gut hier drinnen auf ihn warten.“
Bevor Nina und Cornelis antworten konnten, war Lulu schon in die Werkstatt spaziert und sah sich neugierig um. Eine tiefe Grube war links neben der Tür, rechts an der Wand stand ein ölverschmierter Tisch und an den Wänden hingen säuberlich Werkzeuge und Blaumänner. Lulu sah sich auf dem Tisch um, öffnete eine Schublade, schloss sie wieder und kratzte sich am Kopf.
„Kannst du uns freundlicherweise einmal sagen, was du hier gerade treibst?“, fragte Cornelis spöttisch, der mittlerweile ebenfalls in die Werkstatt getreten war. „Suchst du etwa nach einem geheimen Tagebuch von Robert Weller mit dem Eintrag ‚Habe heute Lehrer Scharte reingelegt‘?“

Übung 52: Dies war nur eine kleine Anwärmübung! Nun einmal etwas wirklich Schwieriges! Cornelis besitzt ein Aquarium (Länge 7,5 dm, Breite: 7,0 dm, Höhe: 4,0 dm). Es wird nun mit 141,75 l Wasser gefüllt. Wie hoch steht das Wasser im Aquarium (in Zentimetern!)?

„Ha, ha, sehr witzig!“ Lulu fuhr herum und sah Cornelis wütend an. „Wir müssen so viel wie möglich über diesen Robert in Erfahrung bringen, oder nicht? Denkst du, er sagt uns freiwillig, dass er einen Diebstahl in der Schule vorgetäuscht hat, um einen Lehrer reinzulegen? Wie naiv bist du eigentlich?“ Lulu schnaubte wütend.
„Ja, aber …“ Nina trat neben Cornelis. „Vielleicht sind wir gerade etwas vorschnell. Lass uns doch noch einmal in Ruhe überlegen, wie wir weiter vorgehen könnten. Meiner Meinung nach ist es an der Zeit, mit Herrn Scharte zu reden. Schließlich denkt er immer noch, dass Cornelis der Dieb war. Ich denke, wir haben genügend Anhaltspunkte, die das Gegenteil beweisen. Bestimmt wird er uns nun ernst nehmen und uns helfen, den Fall aufzuklären. Schließlich geht es um seine Geschichte! Außerdem scheint Herr Scharte schon einmal mit diesem Robert Weller in Kontakt getreten zu sein. Wenn das der Fall ist, dann weiß er sicherlich mehr über ihn als wir. Komm, Lulu, jetzt reicht es mit den Recherchen auf eigene Faust! Ich habe langsam das Gefühl, dass die Sache uns über den Kopf wächst …“ Nina sah auf ihren Knöchel hinunter, der inzwischen deutlich angeschwollen war.
„Langer Rede kurzer Sinn: Dir reicht es mit den Abenteuern“, fasste Lulu die Worte ihrer Freundin zusammen. „Hättet ihr beide nicht gleich sagen können, dass ihr kneifen wollt? Wozu sind wir denn dann durch die ganze Stadt gefahren? Um an dieser Stelle wieder umzukehren? Ihr könnt gern gehen!“ Lulu breitete grimmig die Arme aus. „Keiner hält euch auf. Mir ist es wurscht. Von einer Streberin und einem bekehrten Draufgänger kann man sowieso nicht viel erwarten.“
„Jetzt reicht es aber!“ Cornelis war einen Schritt nach vorn getreten und sah Lulu finster an. „Es gibt keinen Grund, jetzt so ausfallend zu werden, oder?“
Lulu schwieg düster.

„Komm, wir gehen!“, sagte Nina und zupfte Cornelis am Ärmel. „Lass sie einfach in Ruhe.“ Sie warf einen strafenden Blick hinüber zu ihrer Freundin, dann drehte sie sich um und humpelte aus der Werkstatt. Cornelis folgte ihr. Lulu war allein. Sie ließ sich seufzend auf den kleinen Drehhocker fallen, beugte sich über den Tisch und ließ ihre Stirn langsam auf ihre verschränkten Arme sinken. Sie starrte an ihren Knien vorbei auf den dreckigen Boden und scharrte mit dem Fuß über den Beton. Sofort bereute sie ihre harten Worte.

Übung 53: Hinter der Werkstatt von Robert Weller befindet sich ein Löschwasserbecken mit einer Länge von 11 m, einer Breite von 5 m und einer Tiefe von 1,7 m. Wie lange braucht eine Pumpe, die in 1 Minute 27,5 l Wasser abpumpt?

Was war eigentlich mit ihr los? War sie eifersüchtig? Und wenn – auf wen eigentlich? Auf Nina, weil sie Cornelis toll fand? Oder auf Cornelis, weil er Nina toll fand?

„Aber diese Werkstatt hier ist sicherlich nicht der beste Ort, um über mein vertracktes Seelenleben nachzudenken“, stellte Lulu fest. „Ich sollte meine Gedanken eher auf Robert Weller konzentrieren. Es ist doch wie verhext! Wie machen das denn andere Privatdetektive? Die müssen doch auch irgendwie an ihre Informationen gelangen! Ja, wenn ich bei der Polizei wäre – dann müssten mir alle meine Fragen beantworten." Lulu grinste. „Kein schlechter Beruf."

Plötzlich fröstelte sie und zog sich ihre Kapuze über den Kopf. Dann versank sie wieder in ihrer Denkerhaltung.

„Wenn dieser Robert Weller Drohbriefe schreibt, ist er sicherlich nicht gerade der harmloseste Kerl", überlegte Lulu weiter. „Vielleicht hat er noch andere Sachen auf dem Kerbholz?"

Als sie Schritte wahrnahm, dachte sie im ersten Moment, es wären Nina und Cornelis, die zurückgekehrt waren.

„Habt ihr es euch doch anders …", begann sie und drehte sich auf dem Hocker herum, als sie schon eine Faust auf sich zukommen sah. Überrascht stellte Lulu fest, dass sie das Blut aus ihrer Nase herauslaufen spürte, bevor sich der Schmerz meldete. Gleichzeitig fiel sie nach hinten. Während sie mit dem Hocker kippte, flogen ihre Beine nach oben und trafen – ebenfalls unvorbereitet – Lulus Widersacher zwischen den Beinen. Lulu, die sich inzwischen auf dem Boden wiedergefunden hatte, hielt sich die Nase und betrachtete entsetzt ihren Angreifer, der sich atemlos vor Schmerz neben ihr krümmte.

ÜBUNG 54 !

Übung 54: Robert wurde auf Lulu wegen ihres Schattens aufmerksam. Sie warf bei einer Körpergröße von 1,6 m einen Schatten von 2,4 m. Wie lange wäre unter gleichen Bedingungen der Schatten eines Turms der Länge 52 m?

„Sag mal, spinnst du?!", fragte Lulu, als sie ihre Fassung wiedererlangt hatte. Sie betupfte mit dem Handrücken ihre blutverschmierte Nase, während der junge Mann auf dem Boden sich ächzend aufrichtete.

„Was machst du hier, zum Teufel?", fragte er. Er erhob sich stöhnend und tastete nach dem Lichtschalter. Der Raum erhellte sich nur geringfügig.

„Was wolltest du klauen?" Der junge Mann sah in Lulus Gesicht und seine Augen weiteten sich vor Erstaunen. „Ist nicht wahr – du bist ein Mädchen? Seit wann brechen Mädchen in Kfz-Werkstätten ein?"

„Die Tür war offen", stellte Lulu richtig.

„Na und?" Der junge Mann erhob sich schwankend. „Steht am Eingang vielleicht ‚Eintritt frei'?"

„Und steht auf meiner Nase vielleicht ‚Draufhauen erbeten'?", entgegnete Lulu trotzig.

„Hast du eine Ahnung, was du mir für einen riesigen Schrecken eingejagt hast? Hier drin ist es stockdunkel und ich wäre beinahe über dich gestolpert! Als du dich umgedreht hast, dachte ich, du ziehst jetzt gleich eine Knarre oder so was. Das mit deiner Nase war reine Notwehr, klar? Ach, ist mir eigentlich auch egal, ich rufe jetzt jedenfalls die Polizei." Der junge Mann zog ein Handy aus seiner Jackentasche. „Der kannst du dann ja alles ganz in Ruhe erklären."

„Die Polizei interessiert sich aber sicher auch für diesen Brief hier." Lulu stand vom Boden auf. Dabei holte sie eiskalt lächelnd den entwendeten Drohbrief aus ihrer Jackentasche hervor und entfaltete ihn langsam. Sie versuchte dabei, so ruhig wie möglich zu wirken, was ziemlich schwierig war, denn ihre Hand zitterte wie Espenlaub.

„Du bist doch Robert Weller, wenn ich nicht irre?"

Übung 55: Lulu hat ganz schön geblufft! Sogar ihre Hand zitterte wie Espenlaub! Vielleicht sollte sie sich mit einem besonderen Getränk beruhigen? Dazu mischt sie 2,5 l Milch mit 1,5 l Himbeersaft. Die Milch kostet 66 Cent je halbem Liter, der Himbeersaft kostet 3,50 € je 0,7-l-Flasche. Wie viel kostet ein Glas (0,2 l) Himbeermilch?

Der junge Mann schnappte hörbar nach Luft, dann entriss er Lulu den Brief.

„Woher hast du den?“, fragte er und blickte für einen kurzen Moment auf die Zeilen. Selbst im Dämmerlicht konnte Lulu erkennen, wie sein Gesicht von einer Sekunde auf die andere rot anlief, sodass es so aussah, als wäre im Inneren seines Kopfes eine Glühbirne angegangen.

„Bist du wegen dieses dummen Briefs hier eingedrungen? Das ist doch schon eine halbe Ewigkeit her.“ Robert ließ hilflos seinen Arm sinken.

„Na und?“ Lulu schnappte nach dem Zettel, der mit einem lauten Ratsch in zwei Teile riss.

„Du hast Herrn Scharte einen Diebstahl in die Schuhe geschoben. Er musste von der Schule gehen. Nur weil du eine Freundin hattest, die sich in ihren Lehrer verknallt hatte, hast du sein ganzes berufliches Leben zerstört! Was heißt da ‚Das ist schon eine halbe

Ewigkeit her'? Denkst du, das ist Herrn Scharte und der Polizei nach zwei Jahren schon egal?" Lulu schluckte. Ihre Kehle war rau und trocken.

„Keine Ahnung, wovon du redest", meinte Robert. „Ich habe mich mit ihm ausgesprochen. Ich habe ihm doch gar nichts getan!"

„Das kannst du deiner Oma erzählen!", meinte Lulu und kramte in den unendlichen Weiten ihrer Jacke nach einem Taschentuch.

„Nee, ehrlich", sagte Robert und versenkte das Handy wieder in seiner Hosentasche. „Was willst du eigentlich von mir?"

Lulu zuckte die Schultern.

„Die Wahrheit wissen", sagte sie streng.

„Pass auf." Robert klang ängstlich. „Ich weiß nicht, was du mir da anhängen willst, aber ich habe seit damals nie wieder etwas mit Herrn Scharte zu tun gehabt. Das war doch so: Ich war total in diese Mariella verknallt. Wir besuchten beide die zwölfte Klasse. Sie war gar nicht meine Freundin, aber ich klebte an ihr wie eine Klette. Ich war ja so bescheuert! Jedenfalls habe ich zufällig etwas von den Liebesbriefen an diesen Knacker Scharte mitbekommen. Ich bin schier ausgerastet vor Eifersucht und habe ihm diesen bescheuerten Drohbrief geschrieben. Durch den bekam er ja dann überhaupt erst heraus, wer ihm die Liebesbriefe gesandt hatte. Da Hinz und Kunz von meiner verzweifelten und unglücklichen Liebe zu Mariella wussten, brauchte er nur eins und eins zusammenzuzählen."

„Hört sich recht dilettantisch an", warf Lulu ein.

„Du sagst es." Robert entspannte sich ein wenig. „Jedenfalls hat Herr Scharte mit uns geredet. Er sagte zu Mariella, dass er keine Briefe mehr wünsche und dass wir ihn einfach in Ruhe lassen sollten. Dann sagte er, dass er sowieso nicht mehr lange am Leibnitz-Gymnasium bleiben würde."

„Warum?", rief Lulu überrascht.

ÜBUNG 56 !

Übung 56: Wenn die 12 Lampen in Roberts Werkstatt 4 Stunden lang eingeschaltet sind, beträgt die Stromrechnung dafür 1,20 €. Wie hoch sind die Kosten für eine Betriebsdauer von 5 Stunden, wenn 4 Lampen unbenutzt bleiben?

„Er war richtig aufgelöst, sage ich dir. Er hat uns voll das Klagelied von seinem Leben gesungen, echt! Er meinte, er hätte keine Lust mehr, Lehrer zu sein. Er könnte mit vielen Schülern einfach nichts anfangen, vor allem wenn sie so kompliziert wären wie Mariella, jammerte er.“ Robert gluckste. „Konnte ich in dem Moment voll verstehen. Er sagte, er hätte sich als Direktor an einer kleinen Schule beworben. Und wenn er dort nicht genommen würde, dann würde er wieder zurück an die Uni gehen. Der hatte echt keinen Bock mehr auf so kleine pubertierende Monster, wie wir welche waren.“ Robert machte eine kleine Pause und faltete den halben Brief, den er in den Händen hielt, zusammen. „Er sagte zu mir, dass man Liebe nicht erzwingen könne. Das Gleiche sagte er auch zu Mariella. Die ist vor Scham beinahe gestorben. Blöde Pute! Egal, jedenfalls dachte ich, Herr Scharte wäre deshalb verschwunden, weil er jetzt am Wiesengrund eine ruhige Kugel schiebt.“

„Am Wiesengrund?“ Lulu spürte, wie sich ihr Magen für einen kurzen Moment zusammenkrampfte.

„Ja, am Wiesengrund-Gymnasium. Wieso?“ Robert zog die Augenbrauen in die Höhe.

„Am Wiesengrund ist jetzt der Wild Direktor!“, antwortete Lulu, mehr zu sich selbst als zu Robert.

„Echt, der Wild? Krass! Der war auch auf unserer Schule. Den hatte ich im Physik-Leistungskurs. Ein scharfer Hund. Mit dem sind wir auf Klassenfahrt nach Prag gefahren.“

„Ich geh’ dann jetzt mal“, sagte Lulu und steuerte schnurstracks zur Tür. „Oder willst du immer noch die Polizei rufen? Ich jedenfalls weiß alles, was ich wissen wollte.“

„Ich lasse dich erst gehen, wenn du mir die zweite Hälfte dieses miesen Briefs gibst.“ Robert stellte sich mit verschränkten Armen vor die Tür.

„Na gut …“, widerstrebend übergab Lulu ihm den Zettel.

„Sag mal, was ist eigentlich mit dem Scharte? Was für’n Diebstahl überhaupt?“, rief Robert ihr hinterher, als hätte er erst jetzt den Inhalt des Gesprächs für sich geordnet.

Lulu hob im Weitergehen einfach nur eine Hand, dann war sie auch schon davongeradelt.

Übung 57: An 22 Arbeiter, die 30 Tage arbeiten, werden insgesamt 16.500 € Lohn ausbezahlt. Wie hoch ist die Lohnsumme für 20 Arbeiter, die 35 Tage arbeiten?

„Lulu! Was hast du denn mit deiner Nase gemacht?“, fragte Jim am nächsten Tag, als sie sich auf dem Weg zur Schule trafen.
„Kleiner Betriebsunfall.“ Lulu grinste breit. „Aber er hat sich gelohnt, das kann ich dir sagen!“
Sie erzählte Jim von den Abenteuern des vergangenen Tages. Jim hörte mit offenem Mund zu und gab hin und wieder einige Laute des Erstaunens von sich. Das Ende des Gesprächs mit Robert sparte sie sich zunächst noch auf. Sie wollte erst einmal hören, was Jim zu berichten hatte.
„Ich war gestern auch nicht untätig“, sagte dieser, als Lulu geendet hatte. „Erst einmal bin ich zu diesem Mathe-Club gegangen. Ich sage dir, das ist ein wilder Haufen! Gar nicht so viele Langweiler, wie man zuerst vermuten würde! Der Test war übrigens nicht besonders schwer. Ich glaube, ich habe das ganz gut hinbekommen.“ Jim lächelte stolz. „Der Test dauerte auch nicht lange und danach durfte ich noch ein wenig in den Club hineinschnuppern. Generell finde ich die Idee von einem Mathe-Club gar nicht mehr so schrecklich. Mathe kann nämlich auch ganz schön lustig sein.“
„Lustig?“, wiederholte Lulu ungläubig.
„Ach, was erzähle ich dir das?!“ Jim schaute Lulu kopfschüttelnd an. „Verständnis von deiner Seite kann ich in Sachen Mathematik wahrscheinlich nicht erwarten.“
„Wie du meinst, Herr Professor …“, sagte Lulu gleichgültig. „Aber jetzt erzähl’ doch mal von diesem Herrn Wild. Von dem größten Clou meiner Recherchen habe ich dir nämlich noch gar nicht berichtet!“

ÜBUNG 58 !

Übung 58: Du weißt sicher, dass 1 % eines Wertes genau der 100. Teil ist. Lulu kaufte vor zwei Wochen Fußballschuhe. Sie waren um 15 % reduziert und kosteten noch 42,50 €. Wie teuer waren sie ursprünglich?

„Ach ja? Na ja, also, zum Wild gibt es nicht besonders viel zu sagen. Er ist eben ein Lehrer. Ende vierzig, Knubbelnase. Auf den ersten Blick wirkt er etwas verschroben und distanziert. Aber ich glaube, wenn er einen besser kennt, dann kann er wirklich nett sein. Ich meine, der macht diesen Mathe-Club ja in seiner Freizeit! Das ist doch echtes Engagement! Also, zu den Leuten in dem Club, die er gut kannte, hatte er beinahe ein freundschaftliches Verhältnis."

„Aha", sagte Lulu, „also musst du da öfter hingehen."

„Vielleicht auch nicht", entgegnete Jim. „Ich habe nämlich noch mehr herausgefunden."

„Ach ja? Was denn?"

„Du wirst es nicht glauben, aber in dem Mathe-Club war noch jemand, den ich kannte." Jim sah Lulu kurz von der Seite an. „Luisa Wild, die Tochter von Herrn Wild."

„Luisa Wild ist die Tochter von dem Direktor Wild?", fragte Lulu überrascht. „Die ist doch eine Klasse über uns auf unserer Schule! Auf die Idee wäre ich in hundert Jahren nicht gekommen!"

„Tja, Sherlock." Jim lachte. „Als Detektive müssen wir wohl noch einiges lernen. Aber das wird schon noch. Jedenfalls habe ich nach dem Kurs mit ihr geredet. Ich meine, sie ist seine Tochter! Ich habe sie einfach ganz dreist auf diese Diebstahl-Geschichte angesprochen. Sie war ganz aufgeregt! Sie meinte, sie wüsste alles über den

Vorfall, aber ihr Vater hätte ihr unter Androhung der härtesten Strafen verboten, davon in der Schule zu erzählen."

„Wundert mich gar nicht", murmelte Lulu.

„Ich weiß jetzt alles über den Tag. Alles!" Jim klatschte vor Begeisterung in die Hände. „Folgendermaßen: Herr Wild hatte eine Stufenfahrt mit seinem Physik-Leistungskurs nach Prag geplant. Da er diese Fahrt vorab anzahlen musste, sammelte er eine größere Summe Geld bar bei den Schülern ein. Dies geschah in den ersten zwei Schulstunden. Er nahm das Geld in der ersten großen Pause mit in das Lehrerzimmer und wollte es am nächsten Tag bei der Bank abgeben."

Lulu zog eine Augenbraue in die Höhe.

ÜBUNG 59 !

Übung 59: Um wie viel Prozent verkleinert sich das Volumen eines Würfels, wenn seine Kantenlänge halbiert wird?

„Wie dem auch sei", fuhr Jim fort, „im Lehrerzimmer befinden sich Schließfächer, doch die benutzt niemand. Jetzt wollte Herr Wild so einen hohen Betrag aber natürlich bis zum nächsten Tag nicht offen herumliegen lassen. Daher fragte er die anwesenden Lehrer im Lehrerzimmer, ob einer der Kollegen vielleicht ein Schloss besäße, dass er sich für einen Tag ausleihen könnte. Dies war der Fall. Und nun rate einmal, wer das war!“ Doch Jim wartete die Antwort gar nicht erst ab. „Es war Herr Scharte! Er war also noch einmal im Lehrerzimmer, nachdem er bei der Sekretärin war! Er meinte, er hätte ein kleines Schloss, aber es wäre unten im Chemielabor. Herr Scharte unterrichtete neben Mathe auch Chemie. Er holte das Schloss, gab es Herrn Wild und nannte ihm die Zahlen des Schlosses vor allen Kollegen – was Herrn Wild erst einmal nicht störte, denn warum sollte es auch ein Problem sein, die Nummer vor den Kollegen zu sagen! Das Schloss sollte schließlich nur vor einem Einbruch durch hausfremde Personen wie dem Reinigungspersonal oder anderen Besuchern des Lehrerzimmers schützen. Herr Wild hatte dann Unterricht. Er beschloss nach diesem Unterricht jedoch kurzfristig, das Geld doch noch am gleichen Tag zur Bank zu bringen. Es war aber nicht mehr in seinem Schließfach! An dem Schloss gab es keine Spuren, dass es geknackt worden war. Also kam Herr Wild schnell darauf, dass der Dieb in den Reihen des Kollegiums zu suchen sein musste, da diese ja nicht nur über den Aufenthalt des Geldes informiert waren, sondern auch die Zahlen des Schlosses kannten. Daher diese außerpolizeiliche Suchaktion im Lehrerzimmer. Die Tasche von Herrn Scharte hatte so eine Plastikeinlage im Boden. Darunter war das Geld versteckt. Herr Wild erklärte jedem, dass er ja selbst gesagt hatte, er wolle das Geld erst am nächsten Tag zur Bank bringen, und dass Herr Scharte deshalb vielleicht gedacht hätte, er hätte genügend Zeit, um das Geld beiseitezuschaffen.“

Übung 60: Ninas Eltern haben sich ein neues Haus in Holzsystembauweise errichtet. Sie hatten einen Fertigpreis von 210.000 € ausgehandelt. Auf diesen Preis ist noch die Mehrwertsteuer von 19 % fällig. Anschließend darf die Familie noch 3 % Skonto abziehen. Welchen Betrag muss sie überweisen?

Jim und Lulu waren vor der Schule angekommen und blieben an der Tür des Gebäudes stehen.
„Was sagst du nun?“, fragte Jim, als Lulu keinerlei Kommentar zu seiner Geschichte abgab.
„Wie lautet deine Meinung?“, fragte Lulu zurück.
„Ehrlich gesagt finde ich, dass sich das alles so anhört, als wäre Herr Scharte doch der Täter gewesen. Tut mir leid, Lulu.“
„Und weißt du, was ich glaube?“ Lulu betastete ihre geschwollene Nase. „Ich glaube, dass Herr Wild das Geld eigenhändig in Herrn Schartes Tasche gelegt hat. Und ich weiß auch, warum!“
„Wie kommst du denn darauf?“, fragte Jim und sah Lulu vollkommen verständnislos an.
„Weil Herr Scharte und Herr Wild beide Anwärter auf den Direktorenposten am Wiesengrund-Gymnasium waren, wie ich gestern erfahren habe. Was hältst du von dieser Theorie: Herr Wild wollte Herrn Scharte als Konkurrenten ausschalten und hat ihm deshalb den Diebstahl untergeschoben!“
Jim riss die Augen auf.
„Herr Scharte und Herr Wild wollten beide auf den gleichen Posten? Das ist ein Ding! Das ist echt ein dickes Ding!“
„Oh ja, das ist es! Wie du schon sagst: Es musste einer aus dem Lehrerkollegium gewesen sein, nicht wahr? Aber du vergisst ein wichtiges Detail: In der dritten Stunde hatte Herr Scharte die

Tasche gar nicht bei sich! Die war in den Händen von Cornelis, der auch den Schlüssel benutzt hat. Cornelis wusste allerdings weder von dem Schloss noch von dem Geld."
„Du hast recht!", rief Jim und boxte einen Mitschüler, der ihn zur Seite geschubst hatte, in die Rippen.
„Mann, ihr steht im Weg!", rief dieser.
Jim und Lulu machten die Tür frei, indem sie in die große Eingangshalle gingen. Vor der Leibnitz-Büste blieben sie stehen.
„Wir müssen mit Herrn Scharte reden", stellte Jim fest.
„Du sagst es", meinte Lulu.

Doch das Gespräch mit Herrn Scharte wenige Tage später lief ganz anders, als die Wühlmäuse erwartet hatten. Sie saßen gemeinsam in Herrn Schartes Wohnzimmer, das Nina und Cornelis bei ihrem Einbruch durch das Fenster verlassen hatten, und tranken Tee. Lulu hatte sich für ihre kleine Rede gut vorbereitet. Sie berichtete geordnet und in allen Details von ihrem steinigen Weg der Enthüllungen, wie sie es ausdrückte, und Herr Scharte hörte ihr zu, ohne sie auch nur ein Mal zu unterbrechen. Lulu erzählte, wie sie von dem Diebstahl erfahren hatte und dass sie niemals geglaubt hätte, dass Herr Scharte tatsächlich der Täter gewesen sei. Wie sie Frau Hansig ausgehorcht und einige Details über den Tag des Diebstahls herausgefunden hatten, wie sie Cornelis aufgespürt hatten, der sie dann auf die Spur von Robert Weller gebracht hatte. Und schließlich berichteten sie von ihrem Fazit, dass Herr Wild selbst der Täter gewesen sein musste.

Übung 61: Cornelis hat Geld auf der Bank angelegt. Es sind 1.600 €, die mit 6 % verzinst werden. Wie viel Geld hätte er anlegen müssen, um bei 8 % den gleichen Gewinn zu erhalten?

Erst als sie an diesem Punkt angelangt war, ließ Herr Scharte ein Zeichen von Unruhe erkennen, indem er aufsprang und sich ans Fenster stellte. Als Lulu ihren Bericht beendet hatte, herrschte angespannte Stille im Raum. Alle Blicke waren auf Herrn Scharte gerichtet, der ihnen den Rücken zuwandte und in den Garten hinausblickte. Keiner wagte, etwas zu sagen. Ob er wütend war, dass sie in seiner Lebensgeschichte herumspioniert hatten?

„Donnerwetter!“, sagte Herr Scharte schließlich.

Nina, Jim, Lulu und Cornelis sahen sich erleichtert an.

„Bevor ich mehr dazu sage, muss ich mich erst einmal entschuldigen", fuhr Herr Scharte fort. Er drehte sich um und sah hinüber zu Cornelis. „Es tut mir leid, dass ich dich verdächtigt habe. Ich kann gar nicht sagen, wie sehr ich mich jetzt schäme."

„Nein, mir tut es Leid", krächzte Cornelis.

„Aber es war tatsächlich so, wie ihr vermutet habt." Herr Scharte ging zu dem Jungen und legte ihm einen Arm um die Schulter. Dann wendete er sich an die Wühlmäuse.

„Ich dachte wirklich, dass Cornelis der Täter war. Als das Geld in meiner Tasche gefunden wurde, hatte ich nicht viel Zeit zum Nachdenken, und mein erster Gedanke war: Cornelis! Er hatte meine Tasche, meinen Schlüssel und die Gelegenheit gehabt, ins Lehrerzimmer zu gelangen. Ein weiterer Beweis seiner Schuld war außerdem das Zahlenschloss, das ich Herrn Wild gegeben hatte."

„Wieso das denn?", fragte Cornelis.

Übung 62: Das Geld von Nina wurde 6 Monate lang zu 6,5 % verzinst. Wie hoch muss der Zinssatz sein, damit der gleiche Ertrag in 5 Monaten erzielt wird? (Tipp: Die Zinsen für einen Monat betragen unabhängig von seiner Länge $\frac{1}{12}$ des Jahreszinses!)

ÜBUNG 62 !

„Nun, es war dein eigenes Schloss. Du hattest es mir irgendwann einmal gegeben, da ich es kurzfristig im Chemielabor brauchte. Du hattest mit Edding einen roten Smiley draufgemalt. Daher dachte ich, dass es dir sofort aufgefallen wäre, als du im Lehrerzimmer warst."

„Das Schloss habe ich gar nicht bemerkt!", rief Cornelis.

„Das konnte ich ja nicht wissen. Wie du dich vielleicht erinnerst, hast du damals auch keine Gelegenheit ausgelassen, in Schwierigkeiten zu geraten."

Cornelis nickte bekümmert. „Das stimmt", gab er kleinlaut zu.

„Jedenfalls dachte ich, dass du vielleicht zufällig erfahren hättest, dass Herr Wild das Geld für die Fahrt nach Prag in der zwölften Klasse eingesammelt hatte. Schüler – besonders von der Sorte, wie du einer warst – haben doch bekanntlich ihre Augen und Ohren überall." Herr Scharte schmunzelte kurz. „Ich dachte, dass du die Gelegenheit kurzerhand beim Schopfe gepackt hättest, als du durch einen Zufall an meine Tasche und den Schlüssel gelangtest. Das Schlimmste an der Sache ist: Ich traute dir den Diebstahl ohne Zögern zu. Als ich damals ins Lehrerzimmer kam, war da dieser unglaubliche Tumult! Und mittendrin stand einsam meine Tasche. Irgendwie hatte ich sofort ein ungutes Gefühl. Und wegen alldem, was vorher passiert war, war ich sofort davon überzeugt, dass du es warst, der mir das Geld in die Tasche gesteckt hatte."

„Aber warum hätte ich das Geld denn überhaupt in deine Tasche stecken sollen?", fragte Cornelis. „Wenn ich es wirklich gestohlen hätte, dann hätte ich es doch auch direkt in meine eigene Tasche stecken können!" Er wischte sich kurz über seine Augen.

ÜBUNG 63 !

Übung 63: Nun kommen wir zu etwas ganz Besonderem: negative Zahlen! Wie musst du damit rechnen?

1. Gleiche Vorzeichen: Addieren und gemeinsames Vorzeichen verwenden!

Beispiel: $-5-7=-12$

$+6+8=+14$

2. Ungleiche Vorzeichen: Die Differenz der beiden Zahlen bilden und das Vorzeichen der größeren Zahl verwenden.
Beispiel: – 19 + 31 = + 12
+ 56 – 75 = – 19

Berechne nun Folgendes:

– 15 + 56 – 69 –357 + 482 – 268 – 174 =

„Auch dafür hatte ich eine Erklärung: Vielleicht gab es jemanden, der gesehen hatte, wie du ins Lehrerzimmer hineingegangen bist – Schüler oder Lehrer, Zeugen in jedem Fall. An deiner Stelle hätte ich dann Angst vor einer sofortigen Untersuchung gehabt, die mit Sicherheit unter normalen Umständen auf dich zugekommen wäre. Also hast du das Geld ganz unten in meine Tasche gesteckt, wo ich es selbst niemals gefunden hätte. Und ich hätte es sozusagen auch noch für dich nach Hause getragen."
„Das hast du mir zugetraut?", fragte Cornelis, mehr überrascht als gekränkt.
„Ja", sagte Herr Scharte. Er trat wieder ans Fenster und sah hinaus.
„Warum hast du mich nicht verraten?", fragte Cornelis leise.
„Ich konnte nicht! Ich habe es nicht übers Herz. Du warst damals so schwierig – wir haben uns alle miteinander riesige Sorgen um dich gemacht: deine Mutter, dein Vater, Inga und ich. Als ich dich damals nach der Wahrheit fragte und du sie mir nicht erzählt hast, ich weiß nicht … deine Mutter … ich konnte nicht …" Herr Schar-

te blinzelte hinter seiner Brille. „Aber warum warst du eigentlich bei mir im Lehrerzimmer? Was hast du dort getrieben?“

Cornelis räusperte sich kurz, dann erzählte er Herrn Scharte die ganze Wahrheit.

„Ich hatte mich schon über die wechselhaften Leistungen einiger meiner Schüler gewundert“, sagte Herr Scharte. Er klang nicht sehr böse. „Ich hoffe, solche Sachen treibst du an deiner neuen Schule nicht?“

„Nein, Georg“, sagte Cornelis ernst.

„Aber was machen wir jetzt mit Herrn Wild?“, fragte Lulu. „Sollen wir die Polizei einschalten? Immerhin geht es doch um eine Art von Betrug, oder nicht? Wenn wir ihn überführen, muss er bestimmt seinen Dienst an der Schule beenden, und dann können Sie selbst endlich Direktor am Wiesengrund-Gymnasium werden. So sollte es doch sein, oder nicht? Wenn auf dieser Welt nur ein Funken Gerechtigkeit herrscht …“

Sie sah sich Beifall heischend um.

Übung 64: Multipliziert man zwei Zahlen mit gleichem Vorzeichen, so ist das Ergebnis positiv. Multipliziert man zwei Zahlen mit unterschiedlichem Vorzeichen, so ist das Ergebnis negativ. Übe weiter mit den negativen Zahlen!

$(-6) \cdot (+5) \cdot (-2) - (+3) \cdot 4 \cdot (-8) =$

„Wir machen gar nichts!“, stellte Herr Scharte in aller Seelenruhe fest.
„Gar nichts?“ Lulu war enttäuscht. „Aber wieso denn nicht?“
„Erstens, weil die Polizei von der ganzen Geschichte keine Ahnung hat und sie schon zwei Jahre her ist. Wo genau sind eure Beweise? Habt ihr Fingerabdrücke? Zeugen? Nein!“ Herr Scharte hob abwehrend einen Zeigefinger. „Ehrlich gesagt, ich bin mir immer noch nicht sicher, ob es wirklich Herr Wild war – auch wenn eure Erklärungen logisch klingen. Aber warum seid ihr euch so sicher? Zweitens: Ich kann es nicht verantworten, dass durch mich eine ganze Existenz zerstört wird. Der Mann hat eine Frau und Kinder. Wollt ihr seine ganze Familie ins Unglück stürzen? Die Hauptsache ist doch, dass ich jetzt von Cornelis' Unschuld überzeugt bin.“
„Aber …“, wollte Lulu einwerfen, doch Herr Scharte unterbrach sie sofort.
„Schau doch“, sagte er besänftigend, „es ging ihm nur wie mir. Wir waren beide nicht für das Lehrerdasein geschaffen. Ich hätte so oder so aufgehört. Aber ich konnte an die Uni zurückgehen. Ich hatte noch alte Kontakte. Und ich habe keine Familie, die ich ernähren muss. Dieser Weg war Herrn Wild versperrt. Wir waren beide damals nicht glücklich mit unserer Situation. Sicherlich ist er nicht stolz auf das, was er getan hat.“
„Ich weiß nicht“, meinte Lulu wütend. „Wenn man etwas verbockt hat, dann sollte man nicht ungeschoren davonkommen, oder?“
Sie blickte auffordernd zu Nina und Jim, die allerdings sanftere Gemüter besaßen und zweifelnd ihrem Blick auswichen.
„Ich danke euch für eure Arbeit“, sagte Herr Scharte. „Wirklich! Ich finde es toll, dass ihr euch für mich eingesetzt habt, und ich werde es euch nie vergessen. Aber ich untersage euch hiermit ausdrücklich, weiter in dieser Angelegenheit zu agieren. Habt ihr mich

verstanden?“ Die Silben der letzten Worte betonte er durch Schläge seiner flachen Hand auf das Fensterbrett.

„Verstanden“, murmelten die Wühlmäuse.

„Und kein Wort zu irgendjemanden!“ Herr Scharte fuhr sich mit der Hand über den Mund, als würde er einen Reißverschluss schließen.

ÜBUNG 65 !

Übung 65: Noch eine weitere gemischte Aufgabe:

$$\left(-\frac{3}{5}\right) : \frac{2}{5} - \left(+\frac{2}{3}\right) : \left(-\frac{5}{6}\right) =$$

Zwei Wochen verstrichen. Jim, Nina und Lulu hatten eine Weile gebraucht, um wieder in ihrem Alltag anzukommen. Etwas langweilig kam ihnen ihr tägliches Einerlei jetzt schon vor – ohne die wilden Spekulationen, Geheimnisse und spannenden Recherchen, die sie in der letzten Zeit betrieben hatten.

Lulu ging weiterhin in den Nachhilfeunterricht von Herrn Scharte, was ziemlich wichtig war, da wieder eine Mathearbeit anstand. Lulu, Jim und Nina verbrachten also viel Zeit zusammen am Schreibtisch und übten für die Arbeit, denn Lulu hatte es sich in den Kopf gesetzt, endlich einmal wieder eine Drei zu schreiben.

„Die Mathematik muss man schon deswegen studieren, weil sie die Gedanken ordnet“, gab Lulu eine Aussage ihres Vaters wieder,

der dieses Zitat wiederum in einem seiner Schmöker gefunden hatte.
„Mit solch weisen Sprüchen wirst du noch eine Eins schreiben“, spöttelte Jim.
Lulu wollte wieder etwas entgegnen, als es plötzlich an der Tür klingelte.
„Vielleicht ist es Cornelis“, sagte Nina und sprang wie von der Tarantel gestochen auf.
„Holt dich dein Verehrer jetzt schon hier bei mir ab?“, fragte Jim erstaunt und hüpfte die Treppen zur Tür hinunter.
„Entschuldigung übrigens, dass ich in der Werkstatt so ätzend zu euch beiden war“, flüsterte Lulu Nina zu. Sie atmete tief durch. Endlich hatte sie es übers Herz gebracht, sich bei ihrer Freundin für die hässlichen Worte zu entschuldigen.
„Entschuldigung, dass ich dich in der Garage alleingelassen habe“, erwiderte Nina. Sie drückten sich die Hände.
In diesem Moment kam Jim herein. Hinter ihm stand Luisa Wild! Mit verheulten Augen und verrotzter Nase ließ sie sich auf einem Stuhl nieder, den Jim sofort zu ihr hingeschoben hatte.

Übung 66: Löse die Klammern auf und fasse zusammen!

$-[13-(5+2a)-9a]-(11a-7)=$

„Was ist denn mit dir los?“, fragte Lulu.

„Jim, du hattest recht!“, heulte Luisa. „Mein Vater hat wirklich Herrn Scharte das Geld untergeschoben. Ich fasse es nicht!“ Sie schluchzte auf und wischte sich mit dem Handrücken über ihre Nase.

Jim reichte ihr ein Taschentuch und beugte sich zu ihr hinunter, während Nina versuchte, sie zu trösten.

„Äh, Jim, kann ich dich kurz sprechen?“, fragte Lulu und zerrte ihren Freund mit sich fort. Im Flur zischte sie: „Was soll das? Kein Wort zu irgendjemandem! Hast du das vergessen? Zu allem Überfluss bindest du die Geschichte auch noch Luisa Wild auf die Nase!“

Jim druckste herum.

„Ach, ich konnte einfach nicht die Finger von unserem Fall lassen! Also bin ich letzten Donnerstag wieder zu diesem Mathe-Club gegangen. Ich wollte wissen, ob ich den Test bestanden habe.“

„Klar, logisch!“, sagte Lulu ironisch.

„Na ja. Und da war natürlich auch Luisa. Sie hat mich die ganze Zeit aufgezogen. Hat gesagt: ‚Na, was machen denn eure Recherchen in dem Fall? Habt ihr etwa genug Detektiv gespielt? Darf ich doch noch mitspielen?‘ Eben so was.“

„Ja und?“, fragte Lulu weiter.

„Irgendwann ist mir einfach der Kragen geplatzt. Da habe ich es ihr gesagt. Mann! Ja! Mist! Aber es ist mir einfach so rausgerutscht.“

Lulu packte Jim am Ärmel und zog ihn wieder ins Zimmer.

ÜBUNG 67 !

Übung 67: Fasse zusammen, und setze für x die Zahl 1 und für y die Zahl 2 ein!

$12x \cdot 2y + x \cdot (-3y) + (-4x) \cdot y - 8xy =$

„Was Jim gesagt hat, stimmt nicht", sagte sie. „Das hat er sich nur ausgedacht, um dich zu ärgern."

„Nein, das hat er nicht!" Luisa schüttelte verärgert den Kopf, sodass die Haare um ihren Kopf wirbelten. „Ich weiß, dass es stimmt. Nachdem mir Jim alles erzählt hat, bin ich misstrauisch geworden. Ich habe Mama gefragt, wie das eigentlich damals war, als Papa Direktor wurde. Sie erzählte, dass Papa einen guten Draht zum Schulratsamt hatte und am Ende der Bewerbungsphase dort noch einmal anrief. Die hätten ihm gesagt, dass sie sich nur noch zwischen ihm und Herrn Scharte entscheiden müssten. Papa tobte! Er meinte, gegen Herrn Scharte hätte er doch keine Chance, und so weiter und so weiter. Mama war damals ganz fertig, weil Papa die ganze Zeit so mies gelaunt war. Er wollte diesen Posten unbedingt. Und das alles habe ich vorhin meinem Vater erzählt. Und wisst ihr, was er gemacht hat?" Luisa vergrub ihr Gesicht in den Händen. „Er hat mir eine Ohrfeige gegeben! Die erste meines ganzen Lebens! Und er brüllt, dass ich meine Klappe halten solle! Und dann fragte er mich, wer so etwas herumerzählen würde! Was ich mir einbilden würde. Aber ich habe es gemerkt. Ich habe es einfach gemerkt. Er zitterte vor Angst, nicht vor Wut." Aus Luisas Augen löste sich wieder eine Träne, die an ihrer Nase hängen blieb. Jim hob eine Hand, ließ sie aber wieder sinken und sah nur verträumt Luisas hübsches Gesicht an.

„Erst Nina und Cornelis und jetzt hat's Jim auch noch erwischt", vermutete Lulu etwas genervt.

„Es stimmt nicht", sagte sie dann laut. „Und selbst wenn: Dein Vater kann ganz beruhigt weiter als Direktor durch die Lande ziehen. Er hat nichts zu befürchten. Jim hält von nun an seinen vorlauten Mund. Sag das deinem Vater!"

„Das kannst du ihm selbst sagen", schniefte Luisa und stand auf. „Aber ich merke schon, ihr wollt mir nicht helfen. Doch ich weiß jetzt, was ich tue!"

„Aber nein, ich …", setzte Jim an, doch Lulu versetzte ihm einen heftigen Stoß in die Rippen und er verstummte.

„Was sollte das?", fragte er Lulu gereizt, als Luisa gegangen war.

„Meinst du nicht, dass du schon genug angerichtet hast? Wir haben es Herrn Scharte versprochen! Du machst alles wahnsinnig kompliziert!"

Jim antwortete nicht und setzte sich wieder an seinen Schreibtisch. Bei der nächsten Matheaufgabe wechselten sie alle drei kein Wort.

Übung 68: Nina und ihre Mutter sind zusammen 48 Jahre alt. Ihre Mutter ist dreimal so alt wie Nina. Wie alt ist die Mutter?

Die nächsten Tage herrschte keine gute Stimmung zwischen den Freunden: Lulu hatte das Gefühl, dass sie wieder einmal die Mathematikarbeit verhauen hatte. Jim machte sich Sorgen, weil

Luisa nicht in der Schule erschienen war und niemand wusste, was mit ihr los war. Außerdem war er sauer auf Lulu, weil diese Luisa nicht hatte helfen wollen. Und Lulu war wiederum sauer auf Jim, weil er ihr Geheimnis ausgeplaudert hatte. Nina hingegen wartete auf einen Anruf von Cornelis. Da sie aber zuletzt angerufen hatte, wollte sie sich auf keinen Fall die Blöße geben, noch einmal bei ihm anzurufen, was wiederum Lulu und Jim extrem albern fanden. So verbrachten die Wühlmäuse getrennt ihre Zeit. Doch an einem wunderschönen Sonnentag löste sich der Knoten plötzlich dann doch. Jim, Nina und Lulu hatten gerade eine Mathematikstunde hinter sich und traten gemeinsam aus der Schule. Alle drei sahen gleichzeitig auf die Straße, auf der sich laut aufjaulend ein kleines Mofa näherte und mit einer gewagten Vollbremsung vor ihnen hielt. Der Fahrer zog seinen Helm ab und es war niemand anderes als Cornelis!

Übung 69: Löse die folgende Gleichung!

$2x - (4 + 3x) = 61 - 14x$

„Ihr glaubt nicht, was in den letzten Tagen passiert ist!“, sagte er. „Die Tochter vom Wild hat irgendwie …“ er unterbrach sich und blickte die drei nacheinander streng an, „irgendwie Wind von der Sache bekommen. Sie war so enttäuscht von ihrem Herrn Vater, dass sie einige Tage bei Freunden untergetaucht ist. Sie teilte ihrem Vater mit, dass sie nicht eher wieder nach Hause ziehen würde, bis er die Geschichte mit Herrn Scharte geklärt hätte. Erst wollte er nicht darauf eingehen, aber dann ist er doch eingeknickt, nachdem Luisa schon Kontakt zu einem Internat aufgenommen hatte.“ Wieder grinste er. „Jedenfalls hat sich Herr Wild sozusagen gestellt und ist zu Georg gegangen, hat alles zugegeben und seine Zukunft, wie er sagte, in dessen Hände gelegt.“

„Ist nicht wahr!“, riefen die Wühlmäuse. „Das ist doch nicht möglich!“

„Na ja, jedenfalls“, fuhr Cornelis fort, zufrieden über die Reaktion, „Herr Wild war echt geknickt. Er sagte, dass es eine total spontane Eingebung gewesen wäre. Alles hätte so gut gepasst: Das Schloss, die Tasche, die einsam und verlassen an Georgs Platz gestanden hatte … es ist einfach mit ihm durchgegangen, erzählte er. Er hätte schon während seines Studiums davon geträumt, einmal Direktor zu werden. Er wollte diesen Job haben. Aber ihr wisst ja, wie Georg zu der Sache steht. Er meinte, er wolle von der Vergangenheit nichts mehr wissen.

Übung 70: Der Onkel von Cornelis hat einen Bauernhof. Er besitzt Kühe und Hühner. Die Tiere zusammen haben 35 Köpfe und 94 Füße. Wie viele Hühner leben auf dem Bauernhof?

Aber da war noch Luisa! Sie meinte, ihr Vater hätte eine saubere Strafe verdient."

„Richtig so!", rief Lulu.

„Was für eine Strafe?", fragte Nina gespannt.

„Du siehst sie vor dir!" Cornelis tätschelte sein neues Mofa. „Das hat sich Georg ausgedacht. Er sagte, eigentlich wäre ich doch der Geschädigte gewesen, da er mir die ganze Zeit einen Diebstahl unterstellt hätte. So haben sie sich dann geeinigt, dass Herr Wild mir ein Mofa schenken soll. Besser gesagt: Die Idee kam von Herrn Wild selbst!"

„Das muss gefeiert werden!", rief Lulu und legte die Arme um ihre Freunde. „Und nicht nur das! Das Beste wisst ihr noch gar nicht!" Sie wühlte in ihrer Tasche und zog das Klassenarbeitsheft hervor. „Eine Zwei in Mathe! Wenn das kein Grund zum Feiern ist!"

Nina umarmte Lulu und Jim lachte.
„Ach, eine Zwei in Mathe? Was ist denn das für ein Fach? Ich dachte, es heißt ‚Ma-the-ma-tik'?"
Lulu zwinkerte ihm zu.
„Ich fange an, mich mit diesem Fach auszusöhnen – vor allem wenn ich jetzt wieder ins Fußballtraining darf."
Sie lächelte verschmitzt, dann machten sie sich alle gemeinsam auf den Heimweg.

Abschlusstest

Übung 1: Cornelis ist mit seinem neuen Mofa gestern 4 Mal so viele Kilometer gefahren wie Nina. Wäre er 12 km weniger gefahren, so wären beide gleich viel gefahren. Wie viele Kilometer ist Cornelis gefahren?

Übung 2: Um die Schule von den drei Freunden soll ein 2,50 m breiter Grünstreifen angelegt werden. Berechne seinen Flächeninhalt.

Hausbreite: 7m

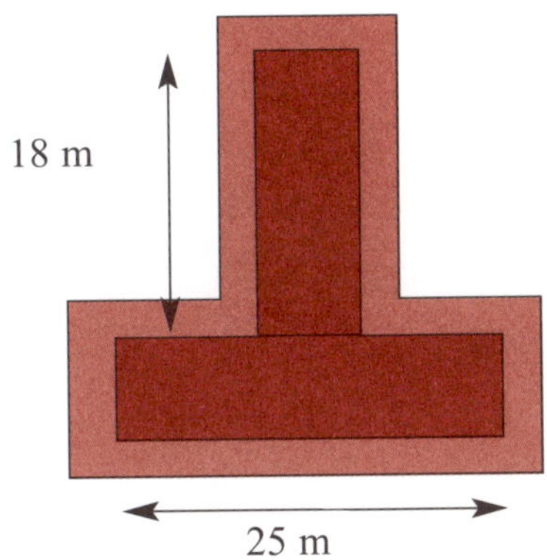

Übung 3: Herr Scharte will mit seiner Lebensgefährtin ein neues Haus bauen. Ein Neubaugebiet mit 1,216 ha soll in 320 m2 große Grundstücke aufgeteilt werden. Wie viele weitläufige Nachbarn erhält Herr Scharte?

Übung 4: Berechne die folgenden Aufgaben:

2 h 19 min + 7 h 20 min – 5 h 32 min – 22 min =
2 m 3 dm + 55 cm – 12 m + 4,7 m – 5.550 mm =
7 kg 580 g – 740 g – 675 g – 1 kg 180 g + 15 g =

Übung 5: Berechne die folgenden Aufgaben:

1. $6 - 2^5 \cdot 3 =$
2. $(8 - 2^3) : (2 + 2)^2 =$
3. $(8 - 2)^3 : (2 + 2^2) =$

Übung 6: Auch Herr Scharte kauft sich ein neues Auto. Bei einer durchschnittlichen Abnutzung verliert sein Auto innerhalb eines Jahres ungefähr 20 % seines Wertes, den es zu Beginn des Jahres hatte. Wie viel Prozent des Neupreises beträgt der Wert nach 3 Jahren?

Übung 7: 30 Schiffbrüchige werden von einem Kreuzfahrtschiff geborgen. Die Lebensmittel hätten vor der Aufnahme noch für 60 Tage gereicht. Nun reichen sie nur noch für 50 Tage. Wie viele Personen waren ursprünglich auf dem Kreuzfahrtschiff?

Übung 8: Berechne folgenden Aufgaben:

20 % von $(\frac{1}{5}$ von 0,8 kg) =
$33(\frac{1}{3}$ % von ($(\frac{3}{4}$ von 1h) =

Übung 9: Kannst du Lulus vorletzte Aufgabe auf ihrem Arbeitsblatt in der Nachhilfegruppe lösen? Schreibe so sparsam wie möglich!

1. $[a^2 \cdot (a \cdot b)] \cdot b^3 \cdot 7 =$
2. $(a + b)^2 \cdot a + a^3 - 5\ b^2 \cdot a - a^2b =$
3. $x^4 : x^2 - x^3 : x^2 - x^3 : x - x^3 : x^2 =$

Übung 10: Auf der Schulabschlussparty dreht Lulu einen 45-minütigen Videofilm. Anschließend spult sie das Band 4 Minuten lang mit 13-facher Geschwindigkeit zurück. Wie lange und in welche Richtung muss sie das Band mit einfacher Geschwindigkeit laufen lassen, um zum Anfang des Films zu kommen?

Übung 11: Dir sind sicherlich die binomischen Formeln bekannt. Wir haben sie für dich noch einmal zusammengefasst.

$(a + b)^2 = a^2 + 2ab + b^2$
$(a - b)^2 = a^2 - 2ab + b^2$
$(a + b)\,(a - b) = a^2 - b^2$

Berechne zum Schluss noch Folgendes!

$(2x + 3)^2 =$
$(c^2 - 1{,}5)^2 =$
$(v^3 - 4)(4 + v3^3) =$

Lösungen

Übung 1: 1. $47 + 94 = 141$ (Summe),
2. $24 - 37 = -13$ (Differenz),
3. $12 \cdot 13 = 156$ (Produkt),
4. $304 : 16 = 19$ (Quotient); $141 - 13 + 156 + 19 = 303$

Übung 2: Addition, Subtraktion, Multiplikation, Division;
$[(12 + 17) \cdot 4 + 16] - (12 - 8) = 128$

Übung 3: 1. $2^3 = 8$,
2. $2^5 = 32$,
3. $2^6 = 64$,
4. $2^{10} = 1.024$, $8 + 32 + 64 + 1024 = 1.128$

Übung 4: $1 \cdot 2^3 + 1 \cdot 2^2 + 0 \cdot 2^1 + 1 \cdot 2^0 = 1 \cdot 8 + 1 \cdot 4 + 0 \cdot 2 + 1 \cdot 1 = 13$

Übung 5: $0 \cdot 2^7 + 1 \cdot 2^6 + 1 \cdot 2^5 + 1 \cdot 2^4 + 1 \cdot 2^3 + 1 \cdot 2^2 + 0 \cdot 2^1 + 1 \cdot 2^0 =$
$0 \cdot 128 + 1 \cdot 64 + 1 \cdot 32 + 1 \cdot 16 + 1 \cdot 8 + 1 \cdot 4 + 0 \cdot 2 + 1 \cdot 1 = 125 \rightarrow$
0111 1101

Übung 6: $1000 = 8 \rightarrow$ H, $0001 = 1 \rightarrow$ A, $1100 = 11 \rightarrow$ L,
$1100 = 11 \rightarrow$ L, $1111 = 15 \rightarrow$ O $\rightarrow$ HALLO

Übung 7: 4 (gegenüber der 3), 2 (gegenüber der 5) und 6 (gegenüber der 1); $4 + 2 + 6 = 12$

Übung 8: $(11.142 - 11.056 - 17 - 34 - 16)$ km $= 19$ km

Übung 9: $365 \cdot 24 \cdot 60 \cdot 60$ s $= 31.536.000$ s

Übung 10: $\frac{10 \cdot (10 - 1)}{2} = 45$

Übung 11: 1 m pro Stunde, 24 m pro Tag, 120 m in 5 Tagen; 120 m = 120.000 mm. Dies ergibt 120.000 Haare.

Übung 12: $\frac{54 \text{ kg} \cdot 64}{48} = 72 \text{ kg}$

Übung 13: $37 \cdot x = 11^2 - 10$, $37 \cdot x = 111$, $x = 3$

Übung 14: 32 – 19 = 13, 13 · 3 = 39

Übung 15: Klasse 6a: x, Klasse 6b: x – 2, Klasse 6c: x + 3; x + (x – 2) + (x + 3) = 88; x = 29

Übung 16: 1. 1 min 120 s = 3 min,
2. 7 h 480 min = 15 h,
3. 2 h 114 min 360 s = 4 h; 3 + 15 + 4 = 22

Übung 17: 37 · 41 = 1.517; 37 + 41 = 78

Übung 18: 13:20 Uhr + 30 min → 13:50 Uhr, 18:10 Uhr – 2 h 15 min → 15:55 Uhr; Differenz: 2:05 h = 125 Minuten

Übung 19: 7,98 € : 6 = 1,33 €. Sie sparen 15 Cent pro Flasche.

Übung 20: 5.250 g – (1.100g + 2.340g + 1.230 g) = 580 g

Übung 21: [1.000 – (3 · 59 + 195 + 79 + 430)] Cent = 119 Cent

Übung 22: Gesamtstrecke: 400 m; $72\,\frac{km}{h} = 20\,\frac{m}{s}$. Der Zug hat eine Kontaktzeit von 20s.

Übung 23: $54\,\frac{km}{h} = 15\,\frac{m}{s}$. Das Auto kommt in der ersten Sekunde genau 15 m weit.

Übung 24: Vorher: $6 \cdot (5 \cdot 5)\ cm^2 = 150\ cm^2$, Nachher: $6 \cdot (6 \cdot 6)\ cm^2 = 216\ cm^2$, Differenz: $66\ cm^2$

Übung 25: $2 \cdot (24 \cdot 36 + 24 \cdot 86 + 36 \cdot 86)\ cm^2 = 12.048\ cm^2$

Übung 26: Die Zahlen 162, 27 und 9 sind alle durch 9 teilbar. Also muss auch das Ergebnis durch 9 teilbar sein. Die Anzeige muss also 1.467 g lauten.

Übung 27: $2 + 3 + 5 + 7 + 11 + 13 + 17 + 19 + 23 + 29 + 31 + 37 + 41 + 43 + 47 = 328$

Übung 28: 1. $798 = 2 \cdot 3 \cdot 7 \cdot 19$,

2. $3795 = 3 \cdot 5 \cdot 11 \cdot 23$; $2 + 3 + 7 + 19 + 3 + 5 + 11 + 23 = 73$

Übung 29: (24.200 € : 5) · 3 = 14.520 €, (24.200 € : 11) · 4 = 8800 €, 24.200 € – 14.520 € – 8.800 € = 880 €

Übung 30: 450 ml : 2 = 225 ml

Übung 31: 1. $\frac{210}{350} = \frac{3}{5}$,

2. $\frac{146}{365} = \frac{2}{5}$,

3. $\frac{93}{124} = \frac{3}{4}$; $3 + 2 + 3 = 8$

Übung 32: $\frac{10}{14}$, $\frac{12}{10}$. Der Bruch $\frac{11}{14}$ liegt genau in der Mitte. 11 + 14 = 25

Übung 33: Gleicher Nenner: $7 \cdot 11 \cdot 9 = 693$

Übung 34: $\left(\frac{7}{12} - \frac{2}{5}\right) + \left(\frac{6}{5} - \frac{3}{4}\right) - \frac{4}{30} = \frac{1}{2}$; 1 + 2 = 3

Übung 35: $2 \cdot 39\frac{3}{5}$ m $+ 2 \cdot 27\frac{1}{4}$ m $- 2\frac{3}{4}$ m $= 130\frac{19}{20}$ m $\rightarrow$ 131 m

Übung 36: 1. $\frac{5}{7} \cdot \frac{9}{8} = \frac{45}{56}$,

2. $\frac{9}{8} \cdot 4 = \frac{9}{2}$,

3. $1\frac{3}{4} \cdot \frac{3}{11} = \frac{21}{44}$; 56 + 2 + 44 = 102

Übung 37: $39\frac{3}{5}$ m $\cdot\ 27\frac{1}{4}$ m = 1.079,1 m^2; 1079,1 · 45 € = 48.559,50 €

Übung 38: $\frac{2}{5} \cdot \frac{3}{4} = \frac{6}{20} = \frac{3}{10}$; 3 + 10 = 13

Übung 39: 5m $- \frac{1}{4}$ m $= 3\frac{3}{4}$ m $= \frac{15}{4}$ m; $\frac{1}{3} \cdot \frac{15}{4}$ m $= \frac{5}{4}$ m; 5 + 4 = 9

Übung 40: 1. $\frac{4}{7} : \frac{2}{11} = \frac{22}{7}$,

2. $\frac{14}{27} : \frac{35}{63} = \frac{14}{15}$,

3. $6\frac{6}{7} : 9\frac{3}{14} = \frac{32}{43}$; 7 + 15 + 43 = 65

Übung 41: $\frac{1 - \frac{1}{4}}{1 + \frac{1}{4}} = \frac{3}{5}$; 3 + 5 = 8

Übung 42: $84\frac{1}{2}$ m : $6\frac{1}{2}$ m = 13. Pro Seite werden also 14 Bäume benötigt, insgesamt also 28.

Übung 43: $\dfrac{\frac{15}{28} : \frac{75}{85} - \frac{11}{16} \cdot \frac{48}{121}}{\frac{21}{55} : \frac{121}{315} + \frac{35}{36} : \frac{75}{72}} = \frac{10}{33}$; 10 + 33 = 43

Übung 44: $x - \frac{5}{8}x - (x - \frac{5}{8}x) \cdot \frac{1}{3} = 40$, $x = 160$

Übung 45: 1. 7,6 · 1,3 = 9,88,
2. 8,56 · 2,6 = 22,256,
3. 34,65 · 0,71= 24,6015; 9,88 + 22,256 + 24,6015 = 56,7375 ≈ 57

Übung 46: 1,25 € · 35,8 = 44,75 €

Übung 47: 51,75 : 5,75 = 5.175 : 575 = 9

Übung 48: 12.817,5 : 51,27 = 250. Der Zug benötigt 250 Sekunden.

Übung 49: $\frac{5}{7} = 0,\overline{714285}$; 7 + 1 + 4 + 2 + 8 + 5 = 27

Übung 50: 2,563s · 300.000 $\frac{km}{s}$ = 768.900 km. Die Entfernung beträgt also ungefähr 768.900 km : 2 = 384.450 km.

Übung 51: 12 cm · 4 cm · 9 cm = 432 cm^3

Übung 52: Grundfläche: 7,5 dm · 7,0 dm = 52,5 dm^2,
141,75 dm^3 : 52,5 dm^2 = 2,7 dm = 27 cm

Übung 53: $V = 110\ dm \cdot 50\ dm \cdot 17\ dm = 93.500\ dm^3$,

$$\text{Zeit}: \frac{93500\ dm^3}{27{,}5\ \frac{dm^3}{min}} = 3.400\ min$$

Übung 54: Verhältnis: $\frac{2{,}4\ m}{1{,}6\ m} = 1{,}5$, Schattenlänge: $52\ m \cdot 1{,}5\ m = 78\ m$

Übung 55: 2,5 l Milch kosten 330 Cent. 1,5 l Himbeersaft kosten 750 Cent. 4 l kosten 1080 Cent. 1080 Cent : 20 = 54 Cent. Ein Glas Himbeermilch kostet 54 Cent.

Übung 56: 1 Lampe pro Stunde: 2,5 Cent, 8 Lampen für 5 Stunden: 100 Cent

Übung 57: 1 Arbeiter verdient pro Tag 25 €. 20 Arbeiter verdienen für 35 Tage 17.500 €.

Übung 58: (42,50 € : 85) · 100 = 50 €

Übung 59: $\left(\frac{1}{2}\right)^3 = 0{,}125$. Das Volumen verkleinert sich um 87,5 %.

Übung 60: 210.000 € · 1,19 = 249.900 €; 249.900 € · 0,97 =242.403 €

Übung 61: 1.600 € · 0,06 = 96 €; 96 € : 0,08 = 1.200 €

Übung 62: Annahme: Kapital K: $\frac{6}{12} \cdot K \cdot 0{,}065$; $\frac{5}{12} \cdot K \cdot x$.

Gleichsetzen: $\frac{6}{12} K \cdot 0{,}065 = \frac{5}{12} \cdot K \cdot x$; $x = \frac{6}{12} \cdot \frac{12}{5} \cdot 0{,}065 = 0{,}078$.
Der Zinssatz muss 7,8 % betragen.

Übung 63: – 15 + 56 – 69 –357 + 482 – 268 – 174 = – 345

Übung 64: (–6) · (+5) · (–2) – (+3) · 4 · (-8) = 60 – (–96) = + 156

Übung 65: $\left(-\frac{3}{5}\right) : \frac{2}{5} - \left(+\frac{2}{3}\right) : \left(-\frac{5}{6}\right) = -1\frac{1}{2} + \frac{4}{5} = -\frac{7}{10}$

Übung 66: – [13 – (5 + 2a) – 9a] – (11a – 7) = –1

Übung 67: 12x · 2y + x · (–3y) + (–4x) · y – 8xy = 9xy; 9 · 1 · 2 = 18

Übung 68 : Nina: x, Mutter: 3x; x + 3x = 48; x = 12. Die Mutter ist 36 Jahre alt.

Übung 69: – x – 4 = 61 – 14x; 13 x = 65; x = 5

Übung 70: Anzahl der Tiere: Kühe: x, Hühner: 35 – x; Anzahl der Füße: Kühe: 4x, Hühner: 2 (35 – x); 4x + 2 (35 – x) = 94, x = 12. Es leben (35 – 12) = 23 Hühner auf dem Bauernhof.

Lösungen Abschlusstest

Übung 1: Cornelis: 4x, Nina: x; $4x - 12 = x$; $3x = 12$; $x = 4$. Cornelis ist 16 km gefahren!

Übung 2: Haus: $25\ m \cdot 7\ m + 18\ m \cdot 7\ m = 301\ m^2$,
Grundstück $30\ m \cdot 12\ m + 18\ m \cdot 12\ m = 576\ m^2$,
Rasen: $576\ m^2 - 301\ m^2 = 275\ m^2$

Übung 3: 1,216 ha = 12.160 m^2; 12.160 m^2 : 320 m^2 = 38.
Herr Scharte erhält 37 weitläufige Nachbarn.

Übung 4: 2 h 19 min + 7 h 20 min – 5 h 32 min – 22 min = 3 h 45 min;
2 m 3 dm + 55 cm – 12 m + 4,7 m – 5.550 mm = – 10 m;
7 kg 580 g – 740 g – 675 g – 1 kg 180 g + 15 g = 5 kg

Übung 5: 1. $6 - 2^5 \cdot 3 = -90$,
2. $(8 - 2^3) : (2 + 2)^2 = 0$,
3. $(8 - 2)^3 : (2 + 2^2) = 36$

Übung 6: $(0,8)^3 = 0,512$. Der Wert beträgt nur noch 51,2 %.

Übung 7: $50 \cdot (x + 30) = 60 \cdot x$; $10\,x = 1.500$; $x = 150$.
Ursprünglich waren 150 Personen auf dem Kreuzschiff.

Übung 8: 20 % von ($\frac{1}{4}$ von 0,8 kg) = 0,04 kg = 40 g;
$33\frac{1}{3}$ % von ($\frac{3}{4}$ von 1 h) = 15 min

Übung 9: 1. $[a^2 \cdot (a \cdot b)] \cdot b^3 \cdot 7 = 7\,a^3\,b^4$,
2. $(a + b)^2 \cdot a + a^3 - 5\,b^2 \cdot a - a^2b = 2a^3 + a^2b - 4ab^2$,
3. $x^4 : x^2 - x^3 : x^2 - x^3 : x - x^3 : x^2 = x^2 - x - x^2 - x = -2x$

Übung 10: 45 min – 4 min · 13 = – 7 min. Sie muss den Videofilm 7 Minuten vorwärtslaufen lassen.

Lösung Übung 11:

$(2x + 3)^2 = 4x^2 + 12x + 9$

$(c^2 - 1{,}5)^2 = c^4 - 3c^2 + 2{,}25$

$(v^3 - 4)(4 + v^3) = v^6 - 16$